東京電視臺前製作人、導演
身兼作家、廣播主持人
佐久間宣行／著
羅淑慧／譯

老實人狡猾工作術

只要努力就會被看見？
結果你會經常幫同事收爛攤。
最強員工，從誠實交代、狡猾做事開始。

佐久間宣行のずるい仕事術

大是文化

CONTENTS

第三章

工作不是單靠自己就能完成 87

第四章

部屬沒動力，主管得這樣狡猾 115

第五章 這樣寫企劃，主管一次就點頭 137

第六章

沒錯……你還可以更狡猾一點

當工作不順時，每個人心中往往都會浮現「不如離開好了」的念頭，但下一份工作就能保證順利嗎？頻繁的換工作會不會更容易迷惘？

比起果斷離職，先和朋友聊聊或許是個不錯的辦法，但與工作經驗、人生經驗都和自己差不多的人談論工作煩惱，最後常常都變成抱怨或取暖大會，而沒有實質上的幫助。

既然如此，不如試試作者在書中提出的各種方法，從內心開始改變，進而影響自己的行動，最後就有可能反映在工作上。轉個念就有機會找到另一片天！

軟體產品經理＆職場內容創作者／小人物職場

前言

不須妥協，又能獲得認同的工作方式

打從踏進東京電視臺的那刻起，我就已經發現，自己並不擅長應付演藝圈、電視圈。嚴格來說，我很喜歡獨處的時光，我根本不想強迫自己去拓展什麼人際關係。

二〇〇〇年代的電視業界對這樣的我來說，是非常艱難的環境。當時仍有許多職場騷擾氛圍尚未消退，而我也很清楚自己不適合上班族的行事作風。我的個性是那種只要無法接受，就不會採取行動，也沒辦法乖順的聽從前輩的無腦指示，所以做事就會變得慢吞吞，然後就會被罵。如果我對此發表其他意見，就又會再次挨罵……。

我就在這樣的環境下，不斷消磨著精力。

當時電視業界所需要的是頑強的士兵，並不需要我這種凡事總抱持著疑問的人。

當上深夜戲劇的副導演之後，我幾乎沒辦法休息，偏偏還得陪前輩連夜續攤喝酒，結束這樣不快樂的時間後，等待著我的是下一份工作。

無法靜下心思考，日暮途窮的夏天。

烤肉慶功宴上，我被喝得酩酊大醉的前輩惡意找碴，受夠一切煩人事的我，和前輩大吵一架後悻悻然的回家了。

坐在通往回家的電車上，我感到自己既可悲又難堪，正想著「乾脆辭職算了……」的時候，我看到月臺上其他電視臺的新連續劇海報。看到表演者臉上的燦爛笑容，一股莫名的怒氣湧上心頭。我告訴自己：「我還有很多事情沒有挑戰、還沒有接觸到過去憧憬的那個世界，我不能就這麼放棄。」我沒有搭乘轉乘電車，逕自走出車站，決定自己慢慢走路回家。

「我想推出一些自認為有趣的事物、出人頭地，可是，我沒辦法習慣這個行業，甚至很排斥。我肯定會在適應之前發瘋。我到底該怎麼做……？」我一邊走，一邊思考著：**不必妥協，不被擊潰，又能獲得認同的方法；不與周遭鬥爭，又能實現自己想做的事情的方法。**

「沒錯……我應該更狡猾一點。」不過是份工作罷了！我要這麼想才對！我應該停止正面對決，擬定戰略。不能讓自己成為呼之則來、揮之則去的存在，努力絞盡腦汁吧！如果還是不行，到時候再辭職吧！想到這裡，我的腦袋瞬間清醒了，笑容也不知不覺爬上了臉龐。

這一刻，我發現自己終於站在了社會人士的入口處。

之後，我改變了。

本書收錄了許多我在公司感到絕望之後，花了二十多年的時間，所學到的作戰策略。剛加入公司的人；站在人生岔路，肩負重任的人；找不到人生方向的人……寫這本書，是希望盡可能幫助到更多人。正因為我曾經處於各種立場，所以我才能寫這本書，所以盡情的使用本書的方法吧。

不過就是份工作、不過就是間公司。不過，只要能夠做好，你的人生就會越來越好，衷心期盼本書能在你努力的過程中派上用場。

然後，如果你的工作能讓世界變得更加有趣、更加便利，我的人生也會變得更加愉快，這一切就太棒了。

第 1 章

老實不會出頭天，狡猾才可以

01

你能為別人做的唯一一件事

笑容也好、開朗說話也罷，又或者是做出超級誇張的反應也沒關係。總之就是要擺出很快樂的樣子，並展現給周遭或主管看。

「原來他只要做自己想做的工作，就會那麼開心嗎？」只要讓對方如此認為，自然就能分配到有趣的工作。

表現出快樂的行為，除了是在向周遭宣告自己早就很想做這份工作之外，同時也是向給自己機會的主管，表達「謝謝你給我這份工作」的感謝之意。當然，你也可以直接用說的傳達你的喜悅。總而言之，只要用積極、正面的態度，回應主管交辦的工作，就能產生良好的循環。

相反的，如果明明正在做自己想做的工作，卻老是藉口一大堆，或總是心情不好的話，周遭的氛圍就會變得低迷，自然就不會有工作找上門。在團隊裡面，擺著一張苦瓜臉，是絕對得不到半點好處。

小說家村上龍也在他的著作《網球男孩的憂鬱》裡寫道：「你能為別人做的唯一一件事，就是展現綻放著耀眼光芒的自己。」這句話影響我非常深。我從還是個二十歲的毛頭小子開始，一直到成為團隊核心人物，甚至是之後的自由工作者，我總是十分積極的展現愉快工作的姿態，這也是我一直十分重視的地方。

人生在世，與自己打交道的人十分有限，既然如此，展現自己最耀眼的一面，快樂的工作，肯定比較有利。

02 把任何人都能做的事，做成只有我能

任何公司都會有什麼人都能做的乏味工作。這種雜事做了不會有回饋，還會讓自己很忙，而且這件事不需要任何技術，所以不能替自己增加自信，就只是一份無足輕重的雜務。就某種意義上來說，我認為那種工作相當吃力。

其實，在任何人都能做的工作裡，有些工作可以變成只有你才能做。不管是什麼樣的工作，都會有有趣的部分或改進的空間。即便再枯燥乏味，只要稍微動動腦筋、下點功夫，並讓周遭也感到開心的話，那份工作就能成為只有自己才辦得到的超讚工作。只要享受過程，就能減輕壓力，

也可以提升自己的評價。

既然是怎麼樣都推不掉的工作，那就試著塗上自己的專屬色彩吧！

我一直認為，進公司第一年接任的戲劇助理導播（assistant director，簡稱ＡＤ）工作，既無聊又辛苦，而且誰都做得來。不僅一堆雜事，重點是超級累，所以我常翹班、說上頭的壞話、擺出苦瓜臉……簡直就是個超級差勁的助理。

某天，雜務又落到了我的手上。導演突然要我準備足球社女經理的手工便當，當成隔天拍攝的小道具，但那個部分幾乎不會出現在畫面內，也跟拍攝劇情毫無關係。

當時，我在心底大翻白眼，覺得導演的要求有夠麻煩，而且命令人的語氣讓人超級火大，但還是只能唯命是從。我跑去學生時代打工的居酒屋，拜託老闆把廚房借給我，並在工作結束後的大半夜，開始在那裡做起便當。

可是，女高中生的手作便當到底該長怎樣？我從來沒有想像過，更沒有收到過。嘗試做了好幾次，感覺還是很假。「總覺得哪裡不太一樣……。」一籌莫展的我，傻愣愣的站在廚房。就在我抱頭碎念的時候，猛然靈光一閃，「對了！既然是足球社的經理做的便當，不如就把飯糰捏成足球造型吧？」於是，我馬上把海苔剪成六角形，並黏貼在圓形的飯糰上面。

兩顆不怎麼好看的足球飯糰，就這麼擺放在便當盒裡面。「這樣不就搞定了嗎？」接著，我對其他的小菜也有了想法：「小熱狗就弄成章魚造型，然後再加上煎蛋捲。」看著時鐘，不知不覺來到了凌晨五點，再兩小時後就要出外景了。只要敷衍做的話，明明只需數十分鐘就能搞定，我前前後後究竟花了幾個小時？

便當完成後，我抓起便當盒、走出居酒屋，直接衝到外景場所。走進拍攝現場，導演看到便當之後，開口說：「稍微改一下劇本吧！我想以這個便當為故事主軸。」這一瞬間，我的內心似乎有了某種變化。

原來任何人都能勝任的工作，只要稍微用點心，就能變成「佐久間（我）才會的工作」，這是我第一次體驗到工作樂趣的瞬間。真的很不可思議，從那天開始，我覺得去拍攝現場更快樂了。

即便是再微不足道的工作，終究會有人看見、獲得某人的評價。

該怎麼做，才能把任何人都能勝任的工作，變成唯有自己才能辦到的工作？如何才可以把常見的雜務，變成專屬自己的工作呢？答案就是：讓工作變得有趣。

03 好好運用你的「菜」

「等我再有點能力之後……。」有些人會不斷說著這樣的話，然後眼睜睜看著自己憧憬或感興趣的工作溜走，我認為十分可惜。

當眼前出現極具挑戰性的案件時，如果採取行動，就可能抓到某些機會時，還是應該死命咬住不放才對。不過，我非常了解那種缺乏自信、感到害怕，不想因為失敗而丟臉的心情。其實我也是要有絕對把握，才會採取行動的類型。過去因為自己還太嫩，而打退堂鼓的情況也是不計其數。

可是，不管自己累積多少經驗，還是很難告訴自己：「好了！夠了！我已經足夠有實力了。」但是，不論什麼樣的挑戰都一樣，你開始得越早，失去的就會越少，甚至得到更多。假設你抱著姑且一試的心態，提出魯莽的建議，或舉手發表意見，就算被拒絕，但**至少你會給對方留下深刻印象**。

越是被稱為大師或大牌的人，越是求才若渴，也越渴望遇見全新的人才或是年輕人，「憑你這種小咖也好意思舉手？」他們幾乎不會說出這種冷冰冰的話。只要鼓起勇氣，大膽舉手，就算當場沒有摘下成功果實，至少能留下，「**你是那個時候出聲發表意見的〇〇嗎**」的印象，這可能會為日後帶來意外發展。

經驗不足，代表你擁有「被允許做些什麼」的特權。只要挺起身子，勇敢踏出一步，你就會發現，更精采的世界正在等著你。

04

為求表現，再不甘願也要道歉

任何人都會犯錯，所以，當你不小心犯錯時，就坦率真誠的道歉吧！天底下再也沒有比這個更好的道歉法了。就算有什麼誤會，也絕對不要找藉口，更不能因為不想道歉，而把別人推出來背黑鍋。

當然，如果因為尷尬、不好意思道歉，就當作什麼都沒發生過的話，那就太過分了。偶爾我還是會看到打死都不道歉的人，每次看到這種人，我都會覺得十分惋惜，因為不道歉的損失太大了。

有些人並非不會道歉，而是過度工於心計，結果反而弄巧成拙，這種情況最常發生在向外人道歉、賠罪時，「真的很抱歉。我也認為○○先生說的一點都沒錯，可是，我們公司很堅持……。」把自家公司當成是和對方的共同敵人，然後強力呼籲自己是對方的盟友。做出這種事的人，只不過是不想讓自己成為壞人罷了，根本稱不上是真誠的道歉。如果我是那個外人，我會回說：「你不也是那間公司的人嗎？」這種時候，最好的做法是把責任全部扛下來，並代表公司真誠的向對方道歉。

在電視臺工作也一樣，當節目因為公司問題而停播時，有時會有製作人選擇和心生不滿的藝人或相關人士站在同一陣線，怪罪公司。可是，這個消息一旦傳到公司耳裡，那位製作人就會被公司列入黑名單，並且無法獲得之後的工作機會。如果同時有相同能力的同事在，公司下次應該就會指名那名同事來做這件事。

這樣的結果不論對自己，或是與自己合作的表演者來說，絕對是一大壞處，也是絕對不該做出的行為。

只要能夠得到下一次的機會，就可以再次和同位出演者一起搭檔，何況他們也希望可以和公司相處融洽的員工，或是獲得公司支持的人合作，絕對不會想和翻臉不認人，或是被公司打入冷宮的職員共事。所以，就算我真的很不滿公司的決定，以前我還是會以「東京電視臺的佐久間」的身分，秉持誠意的向對方道歉。

不說公司壞話，也不與人爭吵。不要被一時的情緒沖昏了頭，應該全面性的思考，該怎麼做才能讓工作變得更容易？該如何抓住機會？

05

最強狡猾工作術——報聯商

報聯商（報告、聯絡、商量），這是每本工作術書籍，必定會提到的基礎中的基礎，在職場上，報聯商可說是越勤奮去做越好。尤其報告是絕對必備的技能。

報告是為了儘早向主管告知工作的進度和優先順序。為什麼要這麼做？原因有兩個：「為了讓主管安心，不亂入提更多意見」、「為了不讓主管的上級有其他意見」。如果看不到進度，主管就會感到不安，並且開始腦補員工是不是在偷懶？是不是忘了？是不是遇到瓶頸？

尤其遠端工作增加之後，不信任的種子便開始萌芽，於是，被不安囚禁的主管就會企圖約束你，試圖插手干預、把你限制在自己的控制之下，有時或許還會推翻之前自己說過的言論。在這樣的環境下，員工根本無法隨心所欲的工作，所以，報聯商非常重要。

「這個人派A工作給我，那個人派B工作給我。可是，現在是以客戶的C工作為優先，所以今天會先處理C工作。」就算對方沒有問，也應該像這樣鉅細靡遺的清楚交代自己的狀況。

現在通常都是透過電子郵件，或是LINE回報進度，不過，以前我會把回報內容寫在大張的便條紙上面，再貼在主管的桌子上。這樣一來，主管馬上能了解部屬（我）手上有多少工作待處理，如果部屬手邊的工作明顯過量，也可以請主管幫忙想辦法協調。而我自從這麼做之後，就**不再碰到「這個也順便處理一下」**，被胡亂派工作的情況了。

讓主管的主管安心也是很重要的事。年輕人或許很難意識到這一點，但要記住，主管的上面還有主管，也就是說，你的主管也有義務要對上面報聯商。如果你怠忽了這件事，你的主管就無法向上級報聯商，還會因為監督不周，而遭到懲處。總之，報聯商是在團隊內，想要無壓力工作所不可欠缺的最強工具。

06

工作遇到困難先問誰？主管

工作上碰到煩惱時，你會找誰商量？前輩、主管、親人、朋友……討論之後，是否解決了那個問題？如果你希望從根本上解決工作中的煩惱，而不只是發洩壓力的話，那就試著換個商量的對象吧！

你需要的是能夠解決問題的人，而不是聽你說話的人。

商量的目的是要解決問題，也就是說，工作上的煩惱諮詢，應該要成為你採取行動的契機。所以，煩惱的時候要先思考，該怎麼做才能解決當前的問題。接著去想，讓誰去做，就能解決問題，然後再去找那個關鍵人物商量。那個對象可能是你的直屬主管，又或許是客戶，不管是誰，唯一能肯定的是，就算你找親友一吐怨氣，心情痛快了，但狀況依舊不會有所改變。

商量也有訣竅。首先，提出問題之前，最好先告訴對方，為什麼要找他商量。「因為我覺得只有你才知道怎麼解決，所以想請教你。」、「因為聽說你有相關企劃的經驗，所以想找你商量一下。」明確告知自己為什麼會選擇對方、自己在煩惱什麼，對方便會把這件事當作自己的事，更加熱情回應你，並馬上提出具體的解決方案。

最常犯的錯誤就是，找年長自己一、兩歲的前輩商量。

找一個人生經驗、職務經驗和自己相去不遠的人談自己的工作煩惱，除了發牢騷之外，完全沒有任何意義。即便他們能感同身受，對事情也不會有所幫助。

結果，不只是白白浪費了時間，抱怨的內容也可能以謠言的形式，傳入主管耳裡，對自己來說，這種情況無疑是大扣分，同時也可能讓團隊氣氛變得更糟。

商量的最終目的是解決問題，而不是抱怨大會，所以，對象必須是經驗比自己多的人物才行。

07

來往郵件遲未回應，對方會很不安

那是我接到廣告文宣創作家糸井重里工作委託時的事。

糸井重里在一九九八年時開設「HOBO 日刊 ITOI 新聞」（通稱 HOBONICHI），是個非常受歡迎的網路媒體，最近在影音媒體的領域也炒得相當火熱。對方透過電子郵件給我那個類別的報價，然後表示「希望在這個時期錄製」。可是我必須等到隔月才能確定行程，於是我就緊急回信，請對方等候我的通知。

到了隔月，我透過電子郵件寄出確定的行程，結果對方回覆：「沒想到我們還沒有聯絡，就先收到佐久間先生的來信，真的嚇了一跳！第一次碰到這種情況。」嚴格來說，應該嚇一跳的人是我才對。既然就連HOBONICHI這種經常和許多廠商往來的公司都這麼說，那就代表很多人並不會這麼做。

不光是回信，我認為只要是工作，不管是什麼時候，都應該「馬上行動」，不可以拖拖拉拉，即便是拒絕的時候也一樣。被他人拒絕，不論是誰都會很失落，正因如此，快速的回應才能讓人瞬間改變印象。「下次還想再次委託看看」，還是「以後都不要再聯絡」，全都取決於你是否馬上做出回應。

所有的工作，都是因為一個緣分。就算那時無緣一起共事，但沒有人能知道未來會如何，所以應該時刻留心，不要讓自己主動斬斷緣分。如果收到委託的人覺得反正都要拒絕，就不回信給對方，甚至忘了回覆，我認為這樣的態度未免太無情了一點。

毫無回應，會讓對方很不安、不確定對方是否有收到自己的信件，而且如果真的遭到拒絕，他就必須盡快找到下一個合作對象。只要站在對方的立場想一下，自然就會知道，馬上採取行動比較好。

我很重視速度與效率，即便是回絕，我也從不忽視任何一個人，不論對方是 HOBONICHI 也好，製作校刊的學生也罷，我的對應都不會有所改變。

「雖然有點遺憾，但仍希望下次還有合作的機會。」能讓對方這麼想的人，最終便能得到一切。

08

向決策者展現存在感的最佳場合

在組織裡面，每個人都是先從跑龍套（按：替別人做些陪襯或打雜等無關緊要的工作）開始做起。那麼，什麼時候才有機會擺脫這個身分，得到自己想做的工作呢？就是會議。

我希望你一開始就下定決心，要靠會議拿到工作，但這並不是要你把主管或前輩辯得啞口無言。「幹得好。」、「這傢伙真有趣。」向決策者展現你的存在感、讓眾人對你另眼相看，才是擺脫跑龍套的關鍵。

如果要從一般員工變成老手，就要做出成功的企劃或是在日常業務中拿出成果，可是，當自己無法參與企劃時，**日常會議就是你的戰場**，你只能在這裡尋求機會。

想在會議上讓人另眼相看，事前準備就很重要。你得預先了解該場會議必須決策的內容、可以推遲的行程以及優先順位，然後進行下列準備：

- 預先設想會討論的問題，讓自己能沉穩回答。
- 預先準備可能需要的資料。
- 準備一些點子，讓自己隨時能夠應答。
- 調查前次會議的討論內容，然後帶到下次會議上。

之後若突然需要展開某項工作時，只要有人認為，「交給他應該沒問題」，你就贏了。

不管是什麼樣的會議，你都應該做好萬全準備。只要把會議當成自己力爭上游的場所，你就不需要為日後的交際應酬而繃緊神經。如果你本來就十分希望與公司的人保持良好關係而參與應酬，那就另當別論。但如果不是的話，與其藉著飲酒聚餐、打高爾夫，和主管、前輩打交道，倒不如把心力花在開會上，CP值反而更高。

如果你想在工作上拿出成果、展現存在感，就先在會議上積極表現吧！那將是通往成功的最佳捷徑。

09

會議後的五分鐘小動作，決勝負

我是個十分健忘的人，日常生活中也經常錯誤百出，正因如此，所以我非常能理解，在會議上無法針對前次討論內容提出想法的人，或是提案內容完全沒有重點的人，他們並不是不夠用心，只不過是因為忘記前次的內容罷了。

例如，下次的討論會設定在一星期之後，我卻會在準備那場討論的時候，突然忘記重要的事情。不論當時會議內容討論得多麼熱烈，只要過了兩、三天，我就會全部忘得一乾二淨。所以我會**在會議結束之後，馬上整理重點**，寫出當下可以解決的問題，或是腦中突然湧現出的想法。工作就跟讀書一樣，與其在考試前臨時抱佛腳，不如在課後馬上複習，反而更有效率。

如果自己是主管，在企劃進行期間，要求部屬提出「上次好像有討論那個什麼案子……不知道你們有沒有印象……」的提案，部屬應該會很傻眼吧！為避免因為這種情況而失去信用，討論後再複習是很重要的。

可是，隨著遠端會議增加，討論的次數逐漸變多，相對之下，就會更沒有時間回顧、複習。這個時候，就要利用會議的後半場整理思緒。

我會在開完會時，**把當天的重點和下次會議該達成的事項寫在 Google 行事曆的備註欄**，光是這樣一個小動作，就能獲得截然不同的成果。順道一提，如果同時把會議紀錄或資料貼在備註欄，就不需要花時間在電腦裡四處尋找資料。

會後五分鐘的小小動作，可以改變下次開會時的個人評價。不要過度相信自己的記憶力，在逐漸遺忘之前，養成回顧、複習的習慣！

10

預測「別人的案子」

希望在工作上有所成長，就必須努力對方向。那怎樣才算有努力對方向？首先，建議各位針對每一件工作，提出質疑、假設，「是這樣嗎？」**養成在腦中模擬問題的習慣**。如果只是盲目的走一步算一步，就無法累積經驗，你的努力就算白費。

擬定假設、實施、驗證。如果有落差，就修正；如果精準無誤，就把它收進成功的抽屜裡保存。只要不斷反覆，就可以得到成長。

我自己在三十三歲的時候，製作了東京電視臺的第一個兒童節目《PIRAMEKINO》。在那之前，傍晚時段播出的是以青少年為對象的綜藝節目，當時，我向公司表示，希望維持原本的預算，製作以小孩為受眾的節目。

這項挑戰在公司內部引起熱議，贊助行銷和決定企劃的小組愕然，「兒童節目會有收視率嗎？」、「佐久間又要搞怪了……。」其實，這項提議裡我是這樣假設。

自從富士電視臺在傍晚五點播出小貓俱樂部的《黃昏喵喵》成功吸引目光以來，「傍晚時段的觀眾群是青少年」就一直是東京電視臺製作節目的標準。可是，在我進入公司的時期，這個時段已經沒有學生在家裡看電視了，他們不是去補習，就是參加社團活動或去打工，甚至是和朋友出去玩樂。

那麼，這個時段會有誰在家？小學生和小學生的母親。既然如此，製作符合那個年齡層的節目，不就正好能投其所好嗎？結果證實我的假設是對的。

擬定假設，就算不是自己負責的企劃也可以磨練。在自己還是新手時，你可以**試著對團隊主管或前輩所負責的企劃，提出自己的假設**，「搞不好這個促銷案能夠正中目標……。」雖然你的假設可能沒有機會實施，但是，只要仔細觀察主管的做法最終得到了什麼成果，再進一步驗證自己的假設，那段過程就能成為十分珍貴的經驗。

我還是新手時就經常這麼做，對主管或前輩的節目，做出個人獨斷的假設，再根據收視率和觀眾的反應去驗證答案。

不對工作提出任何假設，只是傻傻的聽命行事，這樣絕對不會有所成長。既然橫豎都要做，那就養成具體分析、擬定假設的習慣！

11 我經常挑戰「社內首創」

工作時，建議你大膽的以公司內首創為目標，所謂的首創，就是去做過去公司從未做過的事情。

對公司來說，未來可能有能獲得無窮利潤的事物，或是符合社會潮流，今後可能成為大眾主流的類別。只要能滿足那些條件，即便只有小小成果，也能脫穎而出。成功之後，你就能成為第一把交椅，並且被公司視為珍寶，說話也更有說服力。

當然，首創的工作需要不斷的嘗試與修正，也會有很多不清楚的地方，或者經常碰壁，但是，你能比別人更早獨占那些在跌跌撞撞中所獲得的知識，例如東京電視臺所製作的深夜綜藝節目《神之舌》（按：來賓以比賽方式完成節目中的創意遊戲）。

這個節目最為人津津樂道的，就是驚人的DVD暢銷紀錄。不過，這個結果也並非偶然。打從一開始，節目便是以販售DVD為前提製作，因為東京電視臺希望除了贊助商之外，還能多一個收入管道。

對東京電視臺來說，這是前所未有的嘗試。當時日本才剛開始掀起喜劇風潮，個人購買DVD的文化也才剛慢慢興起，所以我便大膽假設，推測可能會有市場需求，而以「公司內第一次嘗試」為目標。我的假設得到了驗證，因為這次的成功，導致只要在公司內部提到DVD製作，同事們就會聯想到我。

我在新冠肺炎疫情期間舉辦的線上活動《無處不在奧黛麗》也是如此。綜藝直播市場尚有許多空位，在今後將會大放異彩的時機點率先搶灘的結果，就是讓群眾留下了深刻印象。日後，只要說到線上活動，大家就會聯想到我。

但這並不是只有我才會的特殊技能。只要隨時拉長天線、觀察，任何人都能有所察覺。史無前例、沒人做過，所以就認為自己不該去做，這是錯誤想法。先行者得利，擁有這樣的思考方式，才能讓自己收穫滿滿。

之所以搶第一，是因為它低風險、高報酬。如果有失敗前例，就會遭到周圍強力反對，而正因為沒有人經歷過，所以反對的聲浪不會太高，也不會有過度的期待。就算失敗，頂多也只是被他人嘲笑罷了。但是，一旦成功，就能成為這個項目的第一把交椅，當然非做不可。就算只有小小的機會也好，試著找找看有沒有自己能做的首創項目。

12

所有的職涯建議，聽聽就好

就業、轉職、副業、創業，當自己在為職涯煩惱時，總會想找其他人商量。大部分的人都會找前輩、主管或家人吧？

當然，找人商量沒有問題，可是最好先想想看，「那些是普遍論點？還是符合自己條件的論點？」多數人的常識不是不符合時代，就是不適合自己，例如：「應屆畢業生應該先進入大企業磨練」，這種無視時代或當事人個性的建議，就屬於普遍論點。

這種普遍論點很多，但彼此相互矛盾的部分也不少。就像「滾石不生苔」，這句話有兩種不同解釋：「不斷換工作，永遠得不到社會地位、賺不到錢的人」，和「勤奮工作，充滿生命力的人」。所以，如果那些意見與你無關，就沒有必要放在心上。

就拿我來說吧，我經常聽到這樣的建議：「不要老是製作深夜節目，應該製作些黃金時段的節目比較好。」可是，我覺得那是普遍論點，並不是專為我佐久間宣行的職涯做出的專屬建議。

當然，提出這些建議的人並沒有惡意，我也理解他們希望我可以更好，可是，如果把普遍論點放進自己職涯的選擇裡面，所有人都只會走出相同的職涯。所以，如果要找人討論自己的職涯規畫，就找能認真思考你的問題，並真心給予建議的對象。

13

有時，你要相信自己的直覺

每間公司都有各自評估員工的標準，那套標準會因是電視臺、報社、金融、製造業等各業界而有所不同，每間公司的做法也不一樣，一旦員工偏離了公司制定的評估標準，就很難獲得認可。

以電視臺來說，直到不久之前，家庭收視率仍是電視臺唯一的評估標準，所以，能創造出高家庭收視率的員工通常十分了不起。可是，我認為未來的趨勢，並不在於提供闔家觀賞的節目，我認為只受年輕族群喜愛，同時能在網路上引發討論話題的節目，早晚能夠逆轉那種評估指標，所以我便企劃了《神之舌》。

十五年前，大家完全無法接受這個主張，不過，現在大家已經逐漸有了共識。對東京電視臺來說，配合網路潮流也已成為公司對外的最佳武器，也漸漸形成了，「這樣的作風就是東京電視臺」的品牌形象。

製作「符合東京電視臺形象」的節目、製作ＤＶＤ或直播節目、創造商品販售等全新收益通路，像這樣在公司裡做出貢獻，讓我自己在離開公司的時候，獲得了獨一無二的地位。就算沒有做出家庭收視率最高的節目，我還是得到了絕佳評價。

在公司裡面，創造某些實績、獲得評價，是很重要的事，只要你是公司的一員，就絕對避免不了被評分。可是，當你覺得有所矛盾時，試著堅持自己的想法，或許也是個不錯的做法。

大家都知道，社會變化的速度十分驚人，被視為良好的事物，正以驚人的速度在改變。支撐著公司的事業同樣也因此不斷在變動。以出版業來說，最明顯的就是雜誌廣告收入的減少、電子書開始盛行；音樂業界則是

ＣＤ銷售額逐漸走下坡。在昭和時代（按：一九二六年至一九八九年），沒有人會知道如今的百貨公司營運會如此艱難。

賺錢的部門、明星部門，每隔幾年就會輪替一次，可是，公司卻不會輕易改變評估標準。長期以來，原本應該隨著事業實際型態而彈性變化的評估指標，一直受到忽視。當你覺得矛盾，卻還是只把「能獲得公司評價」的工作視為核心，就可能做出長期性的錯誤決策。

如果決策者用傳統價值觀去評估，就是一種危險信號。相信自己的感覺，有時會幫助你做出很重要的判斷。

14 不要做不像自己的工作

「品牌人」這個名詞已經滲透許久，意指不需要靠公司名稱，直接靠自己的姓名在社會上決勝負（找工作）的人。

說到品牌人，大部分的人會聯想到在社群網站上有許多粉絲的網紅、光鮮亮麗的人、虛張聲勢的人，不過，這些都是錯的。所謂的品牌人，是指值得信賴和期待的人，能讓人產生「如果是那個人，肯定沒問題」的信賴感，以及「不知道他會做出什麼令人興奮的企劃」的期待。正因為如此，才會被視為獨立個體，令人刮目相看。

我大約從三十歲開始，就在考慮把自己品牌化，這是為了在離開公司之後，自己仍能繼續在社會上生存。為此，我從沒有向自己的「風趣」妥協過，就跟絕不向美味妥協的蛋糕店老闆一樣，考量到品牌的經營，味道不足以令人驚豔的蛋糕，就絕對不拿出來陳列，我也會盡量避開不符合自己風格的工作。

例如，蛋糕店絕對不會端出豬排蓋飯，或許老闆會做，可是並沒有豬排店做得那麼好吃。如果在蛋糕店端出豬排蓋飯，評價肯定會下滑，大眾也不會再期待這家店的蛋糕。

現在之所以有那麼多人建議我自己出來做，或許是因為自己當初累積了許多的信賴和期待。

另外，個人品牌所需要的信賴感，不光只來自於工作的成果。以我來說，則絕對缺少不了我這個人的信用。**不論工作能力再好，如果人品有問題，人們早晚都會離自己而去**。

成為自由接案者後，之所以還能得到那麼多人的支持，我想是因為一直以來，我從沒有脅迫過任何人，我總是十分專注、積極的滿足人們想做的事、散播自己的魅力。雖說我的個性，本來就不喜歡把人逼入絕境，不過，或許我所積攢下來的，就是這種「不把別人當成墊腳石」的品牌（信賴）吧！

建立個人品牌並非一朝一夕，但失去卻是一瞬間的事。就像企業品牌一樣，一旦讓人感到失望，就會立刻被大眾拒於門外。

你今天的工作和行為，都是在累積每一次信賴和期待，**對工作和他人誠實，才是最佳的品牌建立方式**。

專欄　我的公事包裡有……

❶手機、筆記型電腦

手機是 iPhone 13 Pro，筆記型電腦則是 MacBook Air（13 吋）。在家使用的電腦則是 iMac，都是 Apple 產品。想到企劃時，我會先用 iPhone 記下，定期把它寫成企劃書，再上傳到 Dropbox，讓三臺裝置同步。

❷皮夾（Bally，黑色）、名片夾（GUCCI，黑）

遠距工作後，我就不使用長皮夾了，現在都是用附有卡片夾和零錢袋的皮夾。我找了很久，這款皮夾放進口袋剛剛好，很適合我。我很少帶現金在身上，今天皮夾裡只有一萬兩千日圓。雖然我沒有品牌迷思，不過，名片夾是 GUCCI 的。

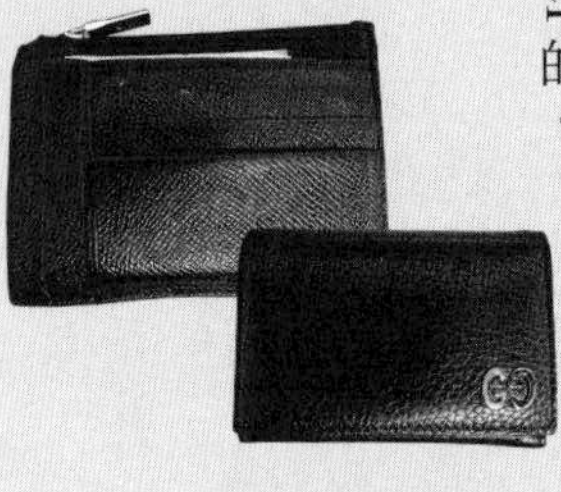

❸眼鏡（JINS）

我的左右眼有視差（左眼○．一、右眼一．二），所以長時間辦公、看電影時，我都會戴眼鏡。順道一提，我的身體全都左右不同，左手臂比右手臂短兩公分；鼻塞時，只有左邊會塞住；只有左眼會過敏；右邊鬢角短了三到四公分。

❹ 手提包

工作用托特包（Bally，黑色）

我的手提包分成工作用和廣播用。工作時，固定使用 Bally 的黑色托特包（皮革製）。

廣播用托特包（UNIQLO）

廣播用手提包，是日本演員星野源送的，是他和優衣庫（UNIQLO）聯名的托特包。

❺ 各種小物

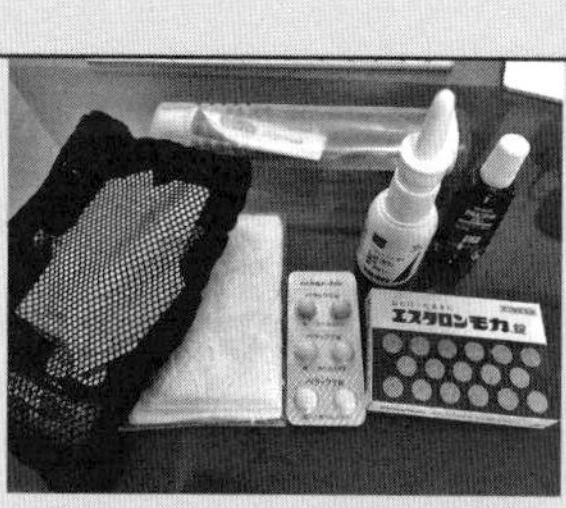

工作用手提包

過敏用眼藥水和滴鼻劑，還有熬夜看演出時，用來提神用的「Estaron Mocha」（錠劑）和牙刷。

廣播用手提包

有喉嚨噴劑、喉糖和筆記用品（HOBONICHI 送的）、乾洗手噴霧、過敏用眼藥水和滴鼻劑、面紙、溼紙巾、牙刷等。

第 2 章

不要踩別人的面子地雷

01 人是看面子做事的

人在什麼情況下會攻擊他人？面子遭踐踏、尊嚴或自尊受到傷害、感覺自己被愚弄，或遭到輕視時。這個時候，對方就會把你當成敵人。

有時對方就像隻受傷的野獸，一下隨意發動攻擊、一下拉扯你的雙腳、朝你拋擲石頭。變得格外麻煩、難纏。

在組織工作，絕對要把這一點謹記在心：**人是看面子做事的**。

「少瞧不起人了！」一可以說，九成的爭端都源自於面子，一點都不為過。可是，我們隨時都有可能踐踏到某人的面子，例如，在公司內部推出全新企劃的時候。

就算自己沒有那個意圖，但是，所謂的全新，大都是從否定過去的企劃中衍生出來的，所以在發表言論時，也可能在不知不覺之間，詆毀到過去參與過舊企劃的前輩和主管。

新企劃之所以很難受到歡迎，就是因為很可能踐踏到某些人的顏面。所以，在那之前，最好先向前輩們慎重的表達敬意。

再比如部屬辭職時，「居然是先向那傢伙報告，而不是先通知我！」這種情況也會讓人顏面盡失。不管什麼局面，絕對要小心謹慎，避免去採到面子地雷。

絕對不能讓對方感到不受尊重、被瞧不起，這就是公司的生存之道。如果避免踩地雷是保護自己的第一步，下一個步驟就是給足面子。例如，就算主管或同事再怎麼討厭自己，只要給足對方面子，就能讓對方產生「雖然不喜歡，卻下不了手」的念頭，降低自己遭受攻擊的風險。

資歷尚淺的人或許覺得，感覺就像《哆啦A夢》裡的小夫那樣，一副討好強者的諂媚形象。錯！對組織的一分子、社會人士來說，**給足面子是種戰略**，這和積極討好對方、說些違心之論來取悅對方是完全不同的，就像戰國武將一樣，武將們之間並沒有真正的羈絆，只不過是在利害關係一致時，迫於無奈的簽下休戰契約罷了。

「真令人不爽！」、「好想吐槽他！」如果被這種幼稚情緒擺布，企圖踐踏對方的心靈，最後承受損失的肯定是你。

最重要的不是戰勝對方，而是贏得沒有任何阻礙的工作環境。我之所以能自由工作，就是因為我從來不會摧毀任何人的面子。

02

溝通要選平坦路徑，不是最短距離

直言不諱通常會被討厭，所以有話想說的時候，要特別注意表達方式，與其選最短距離（直言不諱），不如走平坦道路（說話委婉）。

有邏輯的講述言論時，不管怎樣都會變成否定公司或對方的局面，或者顯現出自己比對方懂更多的態度。然而讓眼前的人不開心，對自己沒有半點好處。

當自己的做法和公司或主管的方針有所衝突時，怎麼做比較好？自己退一步。例如，我在三十多歲，靠深夜節目和兒童節目獲得不錯實績的時候，堪稱電視臺大牌的黃金時段節目曾來找我好幾次。

能夠獲得青睞，我自然深感榮幸，但我每次都婉拒。因為，我認為就公司的生態來說，除了製作用來衝收視率的節目之外，總該有人負責做些不一樣的節目，可是，公司並不理解，我也因此和公司爭吵了許多次，不過，錯在於我。

「比起任何人都能製作的節目，只有我才能製作的節目，不是更能讓公司獲得利益嗎？」當時我無法抑制自己的情緒，劈頭就說了這樣的話。結果，過去製作黃金時段節目的人，頓時感到顏面盡失，憤怒痛批：「少為了自己想做的事找藉口！」

不過，我也注意到了一件事：這樣的態度，永遠無法和公司好好相處，於是，我改變了說話方式：「我真的很不擅長製作黃金時段的節目，完全想不出任何企劃。所以希望能讓更適合的人負責，我會用自己的方式，竭盡所能，為公司做出貢獻。」雖然意思相同，但自從這次之後，就沒有人再來問我相同的事情了。

雖然正面衝突也會得到同樣結果，不過，那種感覺會像是走在顛簸崎嶇的道路上，以推動事情的角度來說，效率太差了；另一方面，不與對方爭辯，以「為公司設想」、「自己不夠成熟」的表達方式，就像是行駛在平坦筆直的道路上，甚至，沿途還會出現補充燃料的地點（協助者），如此就能更順暢的抵達目的地。

如果你無法放下身段，總以自己為出發點，就不會有好事發生，因為在擊潰對方面子的瞬間，你也會粉碎自己未來的可能性。

03

當個傲慢的人，代價很高

看人變臉的人很糟糕。

對著主管是一張臉，對著部屬時又是另一張臉，完全就是雙面人。對店員擺出一副了不起的姿態、為了表現自己而虛張聲勢，我覺得這類人十分不要臉，我也非常討厭這種人，這不單只是個人喜好的問題，就讓我在這裡談談態度的優缺點吧！

擺出傲慢態度要付出很高的代價，不會因為對象不同而改變態度的人，才好處多多。立場、實績、部門、性別、年齡……不論面對誰都保持相同態度，就能幫助之後的自己。

一直以來，不管對象是新人助理導播或是金牌製作人，我都會時刻注意保持禮貌。這是我與生俱來的性格，並非刻意為之，不過，我發現這樣的處世態度，為我日後的工作帶來相當正面的影響，因為沒有任何人討厭我、怨恨我，所以我沒有什麼壞名聲，而且臨時有狀況時，大家都會熱情的伸出援手。成為自由接案者之後，更是深刻感受到個中的恩惠。

基本上，不管是傲慢的態度，還是親切的應對，兩者所付出的心力都相同，但說：「喂，去把這個處理一下！」或「不好意思，可以麻煩一下嗎？」給對方的印象卻是千差萬別。如果那些人在獲得權勢時，卻完全不想跟你共事，你就會失去參與有趣工作的機會。

工作需要緣分。你永遠不會知道何時、與誰，會以什麼樣的立場再次重逢，想想自己的人生，你就會知道哪種做法對自己比較有利。

人就是那種只要有機會囂張，就絕對不會放過的生物。可是，你將為了滿足一時的虛榮心，失去更多機會。

不需要過度謙卑，但不管對方是部屬還是總統，你都應該一視同仁，隨時注意，溝通要有禮貌，光是這樣，就會大幅改變你的人際關係。

04

面對討厭的同事，你就當看戲

當我不得不和難相處的人說話時，我就會運用小技巧，避免自己和對方的互動演變成毫無意義的戰爭。

和討厭的人面對面的瞬間，就在內心大喊：「短劇：討厭的人。」這是喜劇演員固定會在短劇開演前說的短劇標題。

「短劇：壞脾氣的人」、「短劇：自私客戶」、「短劇：面子大叔」，只要加上標題，就能以客觀的角度看待自己和對方，「那傢伙還是一樣蠻橫無理！之後的故事會怎麼演呢？」有時還能觀賞得很開心。

變得客觀之後，態度就更加從容，既不會失禮，也不會想粗魯反擊，便能在不踐踏對方的自尊下，和平收場。

不知道是不是因為我的個性，總是試圖想讓凡事變得有趣？還是因為我本來就沉穩且不容易發脾氣？又或者是因為我本來對他人就毫無期待？在各種情境下，我往往都被他人認為我很怕麻煩。「喂，佐久間，怎麼不過來聊聊天？」我永遠都是被同事喊過去的那一個。

有時候，我的確會遇到十分麻煩的人，不過，多虧這種短劇技巧，截至目前，我不曾因此而惹上災難。

只要養成習慣，時刻客觀觀察自己當下的狀況，就不容易被情緒擾亂，時而沮喪、時而受傷。如果希望專注於工作，也可以利用這個技巧，避開惱人的人際關係。

05

別處處忍耐，試著越級談判

怎麼樣就是和主管合不來；因為壓抑不了反叛心理，而發生衝突；明明很喜歡工作，卻因為主管而感到煩躁……這個時候，關掉情緒開關，打開邏輯大腦吧！

首先，把主管說的話寫出來，分析最近有哪些事被主管糾正，大致寫出來之後，再用○和×標記。覺得言之有理的項目就標○，覺得無法接受的就打×。

隨著○和×的標記，就會逐漸看清自己究竟不滿意主管的哪個部分。是因為主管說的話蠻橫無理，還是因為主管的溝通方式有問題？根據分析結果，會有不同的解決方法。

假設，如果標記全都是○，代表「主管對自己的糾正完全沒有錯，可是，說話方式或攻擊性字眼會讓自己受傷」，了解原因之後，就鼓起勇氣，請求主管改善：「你經常用嚴厲的語氣和我說話，感覺像是在責備我，這種說話方式會讓我退縮、失去動力。」

標記全都是×，卻找不到解決方法時，就拿著那張表**去找主管的主管商量吧！**只要有這張「○×表」，就不會被當成感情用事的麻煩員工。直接挑明，「我和他（她）真的和不來。再這麼下去，我真的沒辦法好好工作」，請求調走主管，又或者把自己調到其他部門。

「這樣越級投訴或是談判，真的沒有問題嗎？不會被組織打入冷宮嗎？」或許有人會有這類疑問，但是，主管和部屬是對等關係。

在組織結構上，職務雖有所謂的序列高低，但在同一場所工作的人，應該都是平等的。當自己因為某人而難以工作時，只要有適當理由，就應該要求改善。當主管蠻橫不講理時，千萬不要認為，「自己身為部屬，就應該忍耐」。想說的話，如果憋著不說，環境就不會改變。

可是，沒有適當理由、毫無策略的反抗，只不過是單純的任意妄為罷了，如此會被視為自大傲慢、情緒化的人，而不被當一回事，所以先了解對方，再根據分析結果和對方交涉吧。

06 鍛鍊你的「讚美肌」

對我來說，讚美他人是我的最佳娛樂。發現某人的優點是件令人開心的事；且不管是直接還是間接，別人聽到誇讚，總會令他十分開心。所以，在慶功酒席上一邊喝酒，一邊讚美工作同仁、夥伴，或是不在場的某人，是比任何事情都還要開心的時光。

讚美他人是不需要成本的最強商業技巧。為什麼？因為在讚美的同時，還可以了解對方擁有什麼武器（專長）。

只要知道對方的武器是什麼，就能知道自己想和對方一起做什麼樣的工作？這個人能在什麼地方有所發揮？向第三人分享這個人的時候也一樣，可以透過讚美，整理出對方的優點，在組織團隊時，馬上想起「那個人有這個技能」，好處一籮筐；相反的，如果老是談論某人的負面印象，就可能不自覺的貶低對方、低估對方的能力，或是不自覺的刻意閃躲……這種狀況下，就沒辦法產生良好互動。

不擅長讚美他人、不善於發現他人優點的人，或許是因為讚美同事，就會提高對方的評價，而產生抗拒心理或嫉妒心。事實上，小肚雞腸的表現，只會讓自己損失更多。就算最初讚美的動機是為了自己也沒關係，為了「更良好的互動」、「表現得更像個好人」都不要緊。

有趣的是，一旦習慣讚美之後，抗拒心理、嫉妒心也會在不知不覺間消失，心情也會更加輕鬆。可是，讚美這種習慣就像是肌肉，如果不去使用，很快就會變虛弱。

養成讚美的習慣，並鍛鍊「讚美肌」吧！

07

「說人壞話」的CP值很糟

樹大招風，一旦打破步調，就會遭人在背後指指點點，就某程度來說，這也是沒辦法的事。組織裡本來就聚集著形形色色的人，彼此的動機不同，價值觀也不一樣，每個人都該認清、接納這一點。

可是，我能說的只有一件事：當流言八卦傳進自己耳裡時，唯有堅定意志的人，才能做自己想做的工作。

我了解那種在意旁人視線，委靡不振的心情，可是，如果想避開流言蜚語，就只能選擇普通的工作。然而那類工作太過無趣，而且也太大才小用，既然難得有個可以挑戰自我的環境，就應該對他人的評論充耳不聞，放膽去做。

基本上，那些流言蜚語又不是什麼忠言勸告，對你的未來沒有絲毫助益，不過是旁人一時娛樂消遣、茶餘飯後的話題，既沒有半點值得採納的價值，更沒有聆聽的必要。如果因為在意而放棄挑戰，數年之後，當你發現自己依然在同樣的工作上原地踏步時，你絕對會後悔。流言蜚語就該右耳進、左耳出，奮勇突破眼前的工作，才是最重要的事情。

那當自己想八卦某人時，該怎麼辦？

在公司工作，難免會碰到合不來的人。當你發現聚餐變成吐槽大會，或公司裡面有很多討厭的人時，自己或許會更容易看出對方的缺點。

談論流言八卦，遠比讚美簡單多了。因為我們總是可以快速找出他人的缺點，而且只要和別人討論那些，氣氛瞬間就會變得熱絡，甚至還會產生莫名的團結意識，感覺ＣＰ值還挺高的。

可是討厭的人越多，自己就越不能快樂工作。如果希望安穩過生活的話，就先從不道人長短開始做起吧！因為流言蜚語蘊藏著風險，就算你百般交代不要說出去，流言始終會傳進對方耳裡，不管你說的是同事的壞話，還是公司的壞話。

就像自己會聽到和自己有關的八卦一樣，反之亦然。聽到攸關自己的流言，沒有人會開心，對方也會因此討厭你，如果被當成是喜歡說三道四的人，自己的名聲也會變差。

當旁人對你提高警戒，「不知道他什麼時候會說自己壞話」，認為你是個藉由詆毀他人來提升自己的人，你就會失去信用。之後當自己認真提出某些訴求時，說服力會大幅下降，就像〈狼來了〉的放羊少年一樣；相反的，如果是平常很少道人長短的人，反而就能輕易取信他人，「那個人很少說別人壞話，既然連他都這麼說了，那麼他說的應該是真的吧！」

不管是為了避免被當成成天抱怨的人而失去信用，還是為了在真正困擾時，能有效的控告對方，從現在起，你都應該馬上停止道人長短。

我本身就不是個喜歡八卦的類型，所以一有什麼狀況時，大家總是十分相信我。不管是組織也好、個體也罷，信任絕對是個強而有力的武器。

08

在公司不需要朋友，而是夥伴

公司不是交朋友的地方。如果公司的人際關係是你人生的一切，這會是個危險信號。

當公司的人際關係等於你的一切，你就會在不知不覺間，被公司的規則同化，就算看到不正確或不合理的事情，你也不會感到奇怪，因為組織的價值觀就是一切。就算心中有疑問，你只會責怪自己，而不會懷疑公司，等到大難臨頭時，才發現自己早已無處可逃。

當然，如果能和共事的同事相處愉快，你工作起來也比較開心。沒有人喜歡在充滿爾虞我詐的團隊裡做事。可是，我認為和同事之間的友好感情，應該在職場上培養，不需要靠聚餐或週末打高爾夫來加深情感，因為你需要的是工作夥伴，而不是酒友或球友。

就我的工作性質來看，或許大家會很意外，但其實我幾乎不和藝人、經紀人、同事去喝酒，我也很少約後輩去喝一杯，對主管也一樣。為什麼？因為我認為應該優先把工作做好，而不是「博感情」。

公司裡面只要有工作夥伴就夠了，只要是不想去的聚餐，我就會斷然拒絕，而那個空檔可以用來進修，也可以拿來準備想做的事，不過，有另一件相對重要的事情，就是在公司以外的地方，擁有沒有利害得失的人際關係。

學生時代的朋友也好，興趣相投的朋友也罷，如果朋友不多的話，戀人也好、家人也罷，總之，避免讓自己只有公司裡的人際關係。

「只要有那些人在，我就辦得到」，只要擁有這種人際關係，就等於在心裡架設了安全網。我也一樣，大學時期的友人真的給了我很多幫助，在他們面前，我完全不會談論工作。

工作場所就是工作場所，只要把事情做好，工作夥伴自然就會越來越多。相對之下，真正應該拚命守住的是，僅僅靠著快樂和喜歡所維繫的親友們。

09

放心當個不好相處的人

是與生俱來的才能嗎？有些人擁有不可思議的「後輩力」。就是那種受主管或前輩高度關注，總會被邀約共進午餐或聚餐的人。

但你完全不需要羨慕他們。

雖然和主管、前輩建立深厚的人際關係絕對有好處，不過，交際應酬也會因此變多。他們為了維持那層關係，必須犧牲寶貴的個人時間，所以我的目標是，做一個可靠的新手，而不是可愛的後輩。信用更勝於魅力。只要把工作做好，就不會遭受批評。

可愛的後輩不能拒絕任何邀約，所以總有一天會成為出席什麼餐會都很正常的人，這樣一來，就會逐漸失去新鮮感。就拿我來說吧！每當我參加公司聚餐時，大家總會開心的說：「佐久間，你來了！」因為我很少出席，所以我的出現，會讓他們開心。

當個沒那麼可愛的新手，工作方面可以更加得心應手，不太會被隨便呼來喚去，更能專注於自己的工作，而且，如果我偶爾接下麻煩工作的話，他們還會十分感激似的，「其實那傢伙人挺好的嘛！」

為了提高自己的存在和價值，並優先注重時間運用，就必須和周遭保持一定距離，這也是為了專注於工作的戰略。

只要忠於自己的工作，就不需要靠人際關係決勝負，**你也可以放心的當個不好相處的傢伙**。

第 3 章

工作不是單靠自己就能完成

01 你做什麼事情，最容易得到讚美？

《勇者鬥惡龍》或《太空戰士》這類角色扮演遊戲（RPG）中會有勇者、僧侶、魔法師，每個角色的特色都不同，技能也不同。

現實工作也是。如果要**充分發揮團隊力量，就必須讓成員們盡可能客觀且正確的了解自己的定位和技能**。無法在團隊裡面發揮實力的人，並不是能力不足，只不過是因為他們不知道自己是勇者，還是僧侶罷了。這種類型的人不論到了三十歲，還是四十歲，評價永遠大同小異，因為他們無法累積更多的資歷。

大家都知道，勇者的武器就應該是劍，斧頭就該交給戰士，而僧侶需要的是魔法杖，團隊成員同樣也需要讓周遭了解自己的角色定位。只要**了解自己的專長，團隊就會知道要分配什麼樣的工作給你**。如此一來，你就能更容易完成任務，你的武器（實力）也會更加精進，日後變得更加強大，讓自己進入良好的循環。

可是，無法自我分析的人，則會在每次的企劃當中被隨意分配工作。結果，明明是個僧侶卻被迫拿斧頭，而勇者卻收到魔法杖，於是，工作上無法取得成果，陷入悲慘泥淖。

那麼，怎麼做才能找到自己的專長呢？其實自己的專長，就藏在受到好評的努力當中，「明明沒有那麼努力，結果卻備受誇讚」。你的才能就隱藏在那裡。例如，我很擅長處理事情的優先順序，也經常有人說：「佐久間很會控場。」結果，需要即時判斷和控場的「選舉特別節目」，或「隅田川煙火大會」等直播節目，就經常交給我處理。

我想做的其實是喜劇節目，那些工作並不是我想做的。可是，自己擅長的工作能讓自己在職場上感到悠然自得，而且在還不夠有創造力的新人時期，也能讓自己感受到「至少自己還能靠這個能力存活」，因此，那個專長可說是支撐著自己的強大支柱。

只要了解自己的角色定位，就能在團隊中掌握到只需要少許努力，就能取得成果的武器，那個武器同時也能成為讓自己安心立足的能力。

02 不要逞強，要逞能

為了找到自己的專長，有時必須逞能。

光是不斷**重複做著能力範圍內的事情**，根本**無法發掘到出乎意料的能力**。能力範圍內的事情不僅輕鬆，品質和準確性也可以維持得很好，所以總能獲得好評，但無法拓展出其他可能。

以剛剛的RPG遊戲為例，搞不好其實你真正擅長的武器是弓箭或是槍，你卻從一開始就一股腦的磨劍，這樣只是在浪費時間。所以，如果你還不知道自己的專長是什麼，不如去嘗試各種艱難工作。

「要不要試著做做看？」當有人這麼問你時，不妨承接下來，原因有兩種，第一，因為你不知道自己擅不擅長；第二，這可以在公司內打響自己的名氣。關鍵是在公司內打響名氣。

只要從事各式各樣的工作，就有機會跟不同部門、年齡的人接觸，如果能夠以個體，而非團隊的身分在工作上嶄露頭角，未來再次和那個人共事時，就有機會被憶起：「他是那個時候的那個人。」你就不會錯過只有在那裡才能獲得的人脈。

我在二十歲的時候也下定決心，只要有人開口叫我，什麼工作我都願意做。所以，從動物節目的ＡＤ，到直播的選舉特別節目，即便那個工作和我想做的工作，或是原本的職種相差甚遠，但只要有人開口找我，我絕對二話不說接下來。

在那段過程中，我逐漸了解到自己的專長，同時也在公司內部建立起強大人脈，這些經驗成為我日後的無價財產。順道一提，在挑戰的時候，我會更認真的學習（查資料、提問、自己動手做）。我會努力去做，也會為結果負責，如此就能知道自己究竟適不適合那份工作。如果可以，建議盡可能把這種逞能或是挑戰，放在二十歲至三十五歲之前，藉此累積更多經驗。

不去挑戰，就不會知道自己擁有什麼、沒有什麼、應該鍛鍊什麼、應該放棄什麼。如果在一無所知的狀態下工作，那就只是單純的替補人員罷了，是一個可以被呼來喚去，卻毫無長處的人。

只要挑戰越多，就能越了解自己。透過反覆的逞能，獲得全新的優勢或全新的能力吧！

03

如果有人跟你說：「你一定可以。」就信他。

我看到後輩們，有時會覺得他們根本不了解自己。有時，我會提醒他們：「你應該很擅長這個吧！」他們因為還太年輕，所以很難掌握自己的能力，只能靠別人告訴他們。而擁有豐富經驗的大人們的一句話：「你一定可以！」就是他們的指南針。

電影導演西川美和，和大映電視現任社長渡邊良介，都是我大學時期所屬社團的同期同學。從那個時候開始，我就非常喜歡電影和戲劇（因為過度熱衷，導致花了五年的時間才從大學畢業），同時我也非常嚮往創作的世界，可是，親眼看到他們壓倒性的才華之後，我就放棄了，並認定自己並不是那個世界的人，所以求職時也以業務的工作為主。

然而，我卻在富士電視臺面試時，碰到了人生的轉捩點。在被問到喜歡的娛樂節目時，我談論到眾多樂團和喜歡的劇團，對方聽完後開口說道：「你很適合製作節目喔！因為能把有趣事物化成語言說出來的人，都非常了解娛樂的原理和感覺。」這番話讓我受寵若驚，因為社團時期的挫敗，讓我一直認為自己辦不到。

我很高興，也相信了那番話。然後，我及時參加了東京電視臺的徵才活動，順利得到了工作機會。一個人的一句話，改變了我的人生，所以，在團隊裡面，如果在那條路上擁有豐富經驗的人告訴你「你一定可以」，那就傾耳聆聽並相信它吧！

或許你會反射性的認為自己辦不到，或是不適合，可是，既然在那條路上看過那麼多人、擁有那麼多經驗的人都已經開口掛保證，你就應該相信他們，那番話肯定能讓你原本已經快被擊潰的心重新振作。

04 不要害怕推銷自己

知道自己的專長後，接下來就必須讓成員記住自己的專長。

在團隊裡面，不光是長相、姓名，也必須讓同伴知道自己能做的、想做的事。打從你還是個無名小卒開始，你就可以不斷主張自己想做的事，不需要客氣，也不用害羞。當然，公司並不能讓你馬上有求必應，不過，只要提出訴求，就會提升實現的機會。例如，公司有綜藝案件需求時，我拿到那份工作的機會就會比較高，因為比起什麼都會的優等生，「一直很想做喜劇節目的佐久間」，肯定更加適合。

某次，有個年過三十五歲的後輩跟我說：「其實我……一直很想做喜劇節目。」這時我就回他：「那要怪你，誰叫你過去都沒說。」在組織裡工作，如果你沒有讓周遭了解自己想做什麼，你期望的機會就永遠不會降臨在你身上。

別人不會對你自己的事感興趣。

沒有人會主動問你，就算問了也會忘記，所以你必須鼓起勇氣，用盡一切手段，不斷對外宣傳「我想做〇〇」。可是，要是在聚餐上表態，很快就會被遺忘，而且也不夠嚴肅、認真，所以一定要在工作場所傳達。

順道一提，我不光只是嘴上說「想做綜藝」，我甚至還提出了無數次的企劃書。首先就靠行動證明自己的欲望。久而久之，大家就會逐漸了解我的角色定位，認為「佐久間就是個喜歡喜劇的人」。結果，雖然我還沒有經驗，資歷也很淺，卻還是能獲得機會，「因為佐久間好像真的很喜歡喜劇，那就讓他試試喜劇節目的試鏡吧！」那時候碰到的藝人是搞笑藝人劇團一人，和諧星雙人組小木矢作。此時製作的節目，就是持續播出十五年的《神之舌》。

在團隊裡推銷自己，或許讓人有些膽怯，要求公司或主管讓自己做些自己未曾做過的事情，也的確需要一番勇氣，不過，機會不會平白無故從天而降，主管也不會細心觀察到其實你很想做這個工作，所以，透過語言和行動，不厭其煩的傳達，直到眾人徹底記住你想做這個工作為止吧！

05

夢想不會逃跑，只有你逃跑

「終於能夠參加夢想中的企劃了！」有些人會在加入夢寐以求的團隊，或是投入期望很高的工作後，瞬間潰堤，因為夢想的重量太過沉重。

不被夢想擊潰，最重要的事情就是「拆解」。拆解自己的夢想後，置換成具體可行的目標吧！「透過這份工作學習交涉技術！」、「與其他同行建立友好關係！」、「和那個名人共事！」只要把夢想轉換成能腳踏實地實現的目標，就不會崩潰。

為什麼夢想使人崩潰？因為期待過大。

除了對工作有很大的期待之外，或許也對自己有過度期待。「自己應該能完成偉大的工作」、「創意性的工作應該難不倒自己」、「肯定可以大放異彩」、「我對自己的想法有信心！」可是，除非同時擁有絕佳的天賦和好運，否則很少有人能打從一開始就成功。

最初，你被賦予的任務，可能是與夢想工作相去甚遠的平凡工作，如果你連平凡工作都無法完成，你就會對自己的能力感到絕望。

儘管你曾經憧憬那份工作，卻可能在之後發現那份工作並不有趣，又或者認為自己無法跨越那道高牆，於是逐漸產生厭惡感。可是腳踏實地列出具體目標的人，就能跑完全程，因為這是他們一步一步努力出來的。

在我們業界也一樣，用「這只是一份工作」的態度看待工作的人，或是基於「這份工作看起來比其他工作輕鬆」的簡單動機而前來應徵的人，有時反而會比懷抱夢想的人更加頑強、更能在業界裡大放異彩。因為他們知道自己會什麼、不會什麼，總是能夠淡然的履行職務。

如果去公司是為了實現夢想而不是工作，就會陷入現實差距的痛苦之中。尤其電視界裡有許多懷抱遠大夢想的人，「我早就很想跟佐久間先生一起做綜藝節目了，真是太高興了！」含淚握著我的手、跟我這樣說的人，其實很有可能陷入痛苦中。

夢想有各式各樣的形體，有時也可能背叛你。冷靜看待現實，淡定工作，也能成為實現夢想的一小步。

06

人不用完美，找人彌補自己的缺點

在一間公司工作一陣子之後，有時要負責組織團隊，這個時候該怎麼挑選成員？以我的來說，我會找能夠彌補我弱點的人。

與其努力克服自己的缺點，以六十分的團隊為目標，不如找人彌補自己的缺點，讓團隊不需要刻意努力就能達到一百分，肯定能更快完成任務，同時也走得更遠。例如，我審美很差，不管我怎麼努力，總是差強人意。因此，只要由我主導，從攝影棚的布置到字幕，全都會呈現大同小異的氛圍。

所以，雖然我曾經試圖努力過一段時間，不過，最終我還是選擇放棄開發這項技能（提升審美）。我決定把這份工作，交給另一名擁有優異審美觀的工作人員。於是，我負責的節目明顯變得時尚許多。

另外，我們的工作還需要和演出者團隊合作。現在在日本已經無人不知、無人不曉的小木矢作和劇團一人，在深夜節目《神之舌》裡，在他們還沒有休息之前，他們一直都是固定成員，我也很有自信，他們能以團隊的形式大紅大紫。

最近有越來越多人問我：「怎麼樣才能看出那個人會不會紅、有沒有才能？」我試著思考了一下，或許我的答案會有點主觀，如果用一句話來說，就是會散發出「我可不只有這點本事喔」氣場的人。

他們完全沒有半點大牌架子，態度謙虛、個性很好，可是，卻在內心深處焦急吶喊：「我超搞笑的，只是你們不了解。」明明表面上沒說什麼，內心卻洩漏出飢渴感。搞笑雙人組香蕉人和單人搞笑藝人笨蛋節奏也是這類型的人。

看著他們用有趣的方式嘲笑世界，我才深刻覺得：「天哪，這些人應該要有更大的舞臺才對。」因為他們的才能不符合當下的際遇，所以也十分焦慮，滿腹的不滿急於向外宣洩。他們很清楚自己的目標，也確實有能力實現目標，偏偏就是無法受到世間認可，因而深感鬱悶。如果發現那樣的人，我會馬上邀請他加入團隊，讓他站上打擊位置，這就是我的做法。和這樣的人合作，真的無比痛快。

當然，我們的任務不光只有挖掘才能而已。一旦挖掘到什麼才能，整個團隊就會一起思考：「該提供什麼樣的舞臺，可以讓演出者更加活躍？」、「怎麼做才能讓表演者的表演更加有趣？」對我們這種養家餬口全仰賴出演者才華的人來說，這是非常重要的任務。

如果是電視或 YouTube 作品，為了更精準傳達那個人的才華或有趣的地方，我們會在播出之前，細心編輯再播出。如此一來，本人和周遭人就能理解，「原來這麼做，就能令人開懷大笑」。了解這一點後，其他電視臺就會跟進，演出者的登場次數就會增加，這樣一來，就能創造出大紅大紫的流量。

團隊就是這樣，互助合作、共同成長，同時加深彼此的羈絆。

07 執行企劃時，找價值觀不同的成員

組建團隊的另一個訣竅，就是制定企劃概念或企劃核心時，和感覺相近的人合作；執行時，找作風和自己完全相反的人。

所有人贊同某個企劃時，都有著十分相近的感覺，所以，只要在計畫階段和感覺相近的成員一起制定企劃，進度就不會莫名的停停走走。可是，執行階段時，邀請價值觀完全不同的工作人員加入團隊，絕對會更好，尤其能彌補自己缺點的成員更是珍貴。

就我個人的缺點來說，我總是會把有趣放第一，有時就可能引起法律或權利問題。這個時候，如果有一個做事謹慎且具備常識的合作夥伴，就

能在發生意外之前出面阻止。如果整個團隊全都是相同感覺的人，就沒有人會質疑企劃內容，如此便很容易在執行企劃時發生意外。

可是，價值觀不同的夥伴，往往都會和自己發生衝突，有時也可能因為被中途喊停而感到憤怒。不過，就風險管理來說，這種做法是對的，同時也是促使團隊重新考慮企劃，擬定出最佳方案的契機。所以，安全創造出好企劃的關鍵，除了夥伴們的技能之外，還需要注意價值觀和個性。

08

偶爾，你得親力親為

工作並不是單靠一個團隊就能夠完成。以電視臺來說，就要靠製作團隊、公關團隊、版權相關團隊等，在各自的崗位上互助合作，才能完成一個節目。

當相關部門不斷增加的時候，我反而不希望「術業有專攻」，至少呈現給觀眾的部分，我想全部靠自己控制品質，因為與企劃相關的知識和資訊，身為創作者的我最懂。

如果不透過自己的雙眼親自確認全程，有時就可能因為料想不到的事情，折損企劃本身的價值，所以，就算當個麻煩的難纏傢伙，我還是想親力親為。

一般來說，導演不需要出席節目宣傳或促銷的會議。可是直到現在，我幾乎會出席所有會議，因為我希望參與全部與節目相關的輸出工作。「全力揮棒，希望擊出全壘打。」打從新手時期開始，我從未改變過這個想法，製作節目DVD的時候也是，從規格到標題，我希望全部由自己包辦，不假手其他部門。

正因為節目是由了解每個細節，像是有趣的哏、粉絲的情緒，或是節目流程的人親手製作，才能把深入核心的內容呈現給觀眾。例如，「電視收視率很低，社群媒體上的反應卻非常好」，這種情況只有創作者本身才會知道。可是，如果那一集的節目沒有收錄在DVD裡面，粉絲就會相當失望。願意購買DVD的消費者，是沒有出現在收視率當中的真正的節目粉絲，身為創作者，絕對不會想讓那些粉絲失望。

如果企圖監督所有大小事，工作量就會增加。但是，希望製作好的作品、希望讓粉絲開心、希望服務更多粉絲，只要想到這些，就能跨越重重障礙。不過，如果是非相關負責人參加其他部門會議，又頻頻插嘴干涉的話，就會讓人不悅，還會被嗆「麻煩不要干預我們的工作」，並且被視為麻煩人物。

如果被其他部門指手畫腳，可能會降低團隊士氣。所以我會換個請求進入會議室的說法，「請讓我觀摩一下」、「請讓我作為製作節目的參考」、「請讓我學習一下」，也就是先給足對方面子。我不會叫大家一定要這麼做，不過，透過這種堅持的累積，就能讓團隊的成果逐漸成為一個品牌。

09

如何躲避飛來的黑鍋？

只要是團隊的一員，就有可能遭受不合理的對待。如果感覺自己可能面臨那種情況，就必須在心靈或自己的評價受到傷害之前，明哲保身。

最常碰到的不合理對待是，被迫加入一個不受重視的企劃，且萬一失敗就得背黑鍋。若要避免這種窘境，只能在事情變糟糕之前，採取對應。基本上方法有很多，如果是被迫參加高風險企劃的話，有一項你至少應該採取的共通對應——確認責任歸屬。

闡明企劃由誰負責判斷、執行，同時也讓周遭充分理解，如果自己不是發起人，就應該揭露這個事實，以便保護自己。

我曾在非預期的狀態下被迫負責某個節目，然後那個節目突然被迫結束。這個時候，沒有人會去探討「這是誰提出的」、「為什麼會變成這樣」，唯一遺留下來的事實是：「佐久間的節目停播了。」在我不斷累積這種經驗後，我開始明白，「如果不釐清責任歸屬，就會被別人擊潰」，我也越來越謹慎，避免再發生相同事件。

只要在職場一天，難免會遭受不合理的對待。在混雜著各種想法與價值觀的團隊裡，有時也需要風險管理。把這件事謹記在心裡，絕對百利無一害。

第 **4** 章

部屬沒動力，
主管得這樣狡猾

01 你就是部屬的鏡子

一踏進書店，就可以看到架上陳列著許多培育部屬或後輩的相關書籍，我相信每本書的內容都很有說服力，也應該十分受用吧！

不過，就我自己和那麼多後輩和工作人員共事的經驗來說，激勵部屬或夥伴的方法，可以簡單總結成一句話：「史上最強的培育法——領導者比任何人都認真且快樂的工作。」只要領導者開朗、沉著、穩重，團隊氣氛自然就能變好。若是主管成天掛著死魚眼，會讓部屬原本高漲的情緒瞬間低落；猶如刺蝟般的主管則會讓部屬畏首畏尾。

有段時期，我的團隊成了「療養院」，專門用來收留心理狀態不佳，或企圖向公司請辭的人。或許是因為充斥著歡樂的拍攝現場，能讓意志消沉、頹喪的人，產生再繼續努力看看的念頭吧！

領導者的態度可以改變很多事情。只要他面對工作的態度，比任何人都還要認真，就能提升自己和團隊的水準。例如，開會時，領導者做好萬全準備，提供更多想法、思維，成員自然就會知道，「原來開會的時候，就應該這麼做」。只是用嘴巴說「應該這樣、那樣」，很容易變成說教，也容易引起反彈，但是，只要比任何人都認真投入工作，很神奇的，團隊也會變得自動自發。

團隊本身就是自己的一面鏡子。先思考自己在團隊面前，應該展現什麼樣的姿態吧！

02 最好的激勵：「多虧有你。」

「最近對我好冷淡，感覺好像不受重視」、「不管做什麼，都不會跟我說謝謝」、「就算自己消失，也不會有人在乎……」，看起來好像是戀愛諮詢的內容，但這種煩惱並不只有談戀愛時才會有，其實不少團隊成員都對領導者抱持著這種不滿。

團隊成員會因為被冷淡對待而情緒低落，造成工作品質下降。所以，讓成員覺得有被重視，也是領導者的重要工作之一。不管再怎麼忙碌，就算再沒空，也不能讓成員有被忽略的感受。

若要讓成員感受到有被重視，最重要的關鍵就是表現出「有你在真好」的態度。不光只是想而已，還要表達出來，一旦有所怠忽，成員就會擅自腦補，誤以為「團隊裡不管有沒有我都沒差」，然後逐漸失去動力。

人唯有在感受到「非我不可」的存在價值後，才會產生滿滿幹勁。

這個時候，最有效的做法是回饋。

那個成員對團隊做出多少貢獻？因為有那個人在，才能有什麼樣的成果？例如，「多虧你做了〇〇」，只要透過語言慰勞，成員就會自豪的認為，「太好了，我有派上用場」、「這個團隊就是因為有我，才能得到這樣的結果」。「真的多虧了你」、「果然厲害！」、「幹得漂亮！」就算只有這一、兩句話都沒關係。

所以，挖掘成員的優點，也是領導者的工作。老是關注對方的缺點或是不如其他人的技能、能力，無法幫助他成長，反而還會打擊對方。相反的，如果你說：「因為你的這個部分比我優秀，所以就要麻煩你了。」那個成員肯定能產生一百倍的動力。

講個題外話，第一次誇獎我的人是小木矢作的矢作兼。即便已經事隔十五年之久，當時那種感動我至今仍記憶猶新，真的讓我感到萬分開心且充滿自信。

03

如何讓成員踴躍發言？不一口回絕

「不管說什麼，都不會改變結果」、「提什麼意見都沒用，反正不會通過」，如果成員這麼想，就代表那場會議失敗了。

開會時，若參與會議的人認為，「提出什麼都沒用，頂多只是拉長會議時間罷了」，就會選擇不發言，所以，領導者必須營造「只要發言，就有可能被採用」的氛圍。這裡指的並不是直接採用想法或意見的意思，不論是什麼樣的想法，一開始一定不夠成熟，所以要把它當成切入點、當成燃燒議題的柴薪，讓討論更加熱絡，大家會因此受到鼓舞、激勵，同時帶動出更多有趣的想法。

假設成員在商品命名會上提出想法，即便沒有掌握到核心，還是應給對方留些餘地，如果當下就一口回絕，那個人之後就不會再提出意見。

對方的自尊心會受傷，同時也會產生無力感，所以要把那個想法，拿來當成下個新想法的引子，「這是一個切入點，感覺似乎可以從其他地方找出相同發想，大家覺得如何？」像這樣，重新拋出議題。光是這麼做，就能讓會議充滿活力，討論深度也會截然不同。然後在下次會議上，大家就會提出更多點子。

光要求一百分的點子，只會讓成員們的創意萎縮，無法更自由的發想。但只要讓成員相信，就算沒能採用自己的意見，但如果能為整個團隊帶來不同發想，或是對會議有所貢獻，成員就會願意更積極的提出意見。

如果成員完全提不出新想法，有可能是領導者推動議題的方式有問題，或許是在不知不覺間，拔掉了團隊正在萌芽的動力。只要營造好氛圍，就能激發出遠比獨自思考更棒的想法，這就是團隊。

04 訓斥要私下，讚美要公開

訓誡或責罵成員時候有兩大原則：在正常環境下談話、個別談話。

首先，絕對不可以在喝酒的場合說教。就如前面所提過的，喝酒時可以一股腦的誇獎對方，但不適合說教，畢竟幾杯黃湯喝下肚，有時很難控制情緒或是言語用字。

訓誡時要態度冷靜、避免情緒化，同時要合乎邏輯，這時就選在公司裡面談吧！

個別談話也很重要。**糾正或斥責的時候**，千萬不可以在眾人面前破口大罵，不管對方是團隊成員也好，外部的工作人員也罷。隨時提醒自己考慮對方的立場，並且維護對方的尊嚴，就算有非常明顯的錯誤，還是應該**留個臺階給對方**。

發送電子郵件糾正他人時也要留意，不要採用副本寄送（一次寄送給多人），而是個別寄送。當然，如果反覆說了很多次，還是無法遵守約定時，就可能需要整個團隊一起討論，不過，那終究是迫於無奈的最後手段。非到最後關頭，還是私下傳達會比較好。

另一方面，透過電子郵件感謝或誇獎成員時，就把所有相關人士全部加進副本裡面！這麼做，不僅能讓當事人開心，看到成員被表揚，其他人也會變得更加積極向上。

05

沒弄清楚為何這樣做的理由，人不會行動

自己一頭熱，團隊卻十分冷漠；自己白忙一場時……主管有時會因為不安或徒勞而有斥責成員的衝動，這個時候，先審視自己有沒有確實傳達意思給部屬。部屬之所以表現冷漠，並不是覺得企劃太無趣，有可能是他並不了解那個企劃的意義或意思。

為什麼要做這份工作？工作目標是什麼？這份工作有趣在哪？成功後會發生什麼事？如果無法理解原因，人就無法採取行動。就算主管喊破喉嚨，成員只會認為那是主管想做的事，而不是團隊的工作。他就會認為努力沒有價值，或ＣＰ值太低。

如果領導者的目標不被當成團隊目標，領導者就會白忙一場，這個時候，就再次解釋原因以及目標吧！

白忙一場時，就檢驗看另一件事——是否超過成員的負擔。例如，在已經有平日業務需要處理的情況下，主管突然交辦新工作，部屬就會覺得是強人所難，而冷淡回應。

雖然部屬試圖鼓起勇氣去克服，卻心有餘而力不足，於是企圖用最少的努力，表面敷衍，而一旦遭到斥責，團隊的氣氛就會變得更糟，最終陷入惡性循環。

碰到非成功不可的企劃時，為了讓團隊成員能具備更高品質的執行力，領導者就必須掌控團隊的承受力。

以我的情況來說，現場監製和廣告輪播是非常燒腦的工作，因此，我會在《神之舌》的重點企劃「搞笑藝人嚴肅歌唱大賽」的前後，盡可能安排準備工作比較輕鬆的企劃，藉此分散作業負擔。一點細微的調整，就能影響部屬的動力。

即便對工作有再多熱情，也無法單靠自己完成。正因為如此，主管才更需要透過語言和態度的表現，帶領眾人朝同一個方向前進。

06

適時封印那個老把氣氛搞僵的人

喜怒無常、打混摸魚、盛氣凌人、把氣氛搞得很僵。當你發現團隊裡有人可能成為問題兒童時，你得先發制人。

團隊破壞者大都是自我感覺良好，同時又非常愛面子的人，與其跟這種人講道理，不如直接告訴他：「這麼做不太好喔！」才能抑制他的後續行動。例如，每次到新的工作現場，我就會說：「會暴怒的人就是辦事能力不足，代表他沒辦法把工作做好。」這就是先發制人，把企圖利用憤怒來控制他人的人封印起來。

還有另一種方法，就是捏造一個討厭的人的故事，「之前曾經有人在現場做過這種事，真的令人很不爽，超級糟，讓人很困擾」、「那個電視臺有個蠻橫不講理的導演，好像沒人喜歡他」，憑空捏造虛構的反派人物或故事，藉此暗示「我們團隊裡應該沒有那種人吧」，以達到事前施壓的效果。如此一來，成員就會注意避免犯相同錯誤。

閃避糾紛時也可以應用這種方法。覺得團隊內可能會發生某些問題時，只要明確告知「我以前曾發生這樣的問題，希望團隊可以多加注意」，大家就會避免再犯，因為任何人都不想被唸：「不是早就已經說過了嗎……。」

若要讓團隊好好工作，就絕對缺少不了開朗的氛圍與良好的互動。可是，只要有一個問題兒童在，就可能破壞掉整個團隊氣氛。只要能封印住那樣的人，就算稍微撒謊也沒關係，因為那並不是實質的毀謗，也不會傷害到任何人。只要捏造一個故事，就能擁有一個和諧的團隊，所以我一直非常感謝那些虛構的反派及虛構的邪惡故事。

07 不要找罪犯，而是改變機制

發生某些問題時，大家馬上就想鎖定犯人。表面上是希望釐清責任，實際上是想說「責任不在於我」，等到找出真正的犯人後，大家就會莫名的鬆了一口氣。

可是，如果把過錯全推到一個人身上，其他人獨善其身的話，總有一天，團隊內部還是會再次發生相同問題，因為任何時候都會有闖禍、犯錯的人，所以，對領導者來說，關鍵不再於揪出罪魁禍首，而是鎖定發生問題的機制，並進一步解決。也就是說，所有問題都該從團隊整體的角度去思考。

例如，假設A先生犯了一個明顯失誤，惹出了致命性的問題出來，以我們業界來說，可能是沒有把外景場地包租下來、沒有取得拍攝許可之類的嚴重問題。這時，團隊就會十分緊張。

這個時候，光是責怪A先生並沒有用，因為個人失誤的背後，必定隱藏著導致他犯錯的機制。例如，承擔的工作量過大、太多重要決策全交給一個人處理、沒有事先做好雙重確認的機制。如果不徹底解決根本問題，就算A先生在失敗中有所成長，事過境遷後，同樣的問題，還是可能再次發生在其他人身上。

把問題的原因歸咎於個人能力，就等於要求A先生提升技能，而其他成員卻事不關己，把錯誤視為他人的責任。可是，如果將它視為是業務分擔的問題，或是機制的問題，整個團隊就會共同思考解決對策。

有很多問題都能在短時間內解決，不需要等待個人的成長。領導者絕對不能坐視團隊成員把犯錯的人當成犯人看待，姑息苛責他人的風氣。

在機制不完善或是溝通不良的團隊裡面，成員就無法充分發揮實力，也就不能指望有好的表現。

發生問題時，應該從團隊的結構找原因，而不是拿某人開刀洩憤。對團隊來說，最重要的事情就是一步步修復錯誤，把機制改造得更臻完美，才能讓團隊穩健向前邁進。

08

不輕易接手部屬的工作

有個主管能幫自己接手工作，那就太輕鬆了。

當你提出七十分左右的工作成果，然後主管跟你說：「剩下部分交給我處理。」身為部屬的你肯定非常安心，覺得這是件可以輕鬆放手的好差事，我也曾那麼想過。可是，在那種主管底下工作，我完全不會成長，因為自己會下意識偷懶，頂多再努力加個五分、十分，就會堅持不下去，因為主管會幫自己補上短缺的那三十分。

領導者必須讓部屬自己動腦、動手、完成工作。自己提出的工作成果，就該由自己承擔最終責任，如果沒有那樣的覺悟，經驗就不會成為血肉，也就不會學習到新技能，所以，**主管**如果真的為部屬著想，就**不該輕易接手部屬的工作**，就算覺得麻煩，還是要提出回饋，並要求部屬修正，然後，要求他再次提出、再次確認。

回饋的時候，應該明確告知理由和怎麼做會更好。如果只是單純打槍，部屬根本分不清努力的方向，所以，只需要提出大方向就夠了，剩下的細節就交由部屬去判斷。在不斷反覆的過程中，你應該就能察覺到部屬的成長。

對主管來說，這樣絕對是喜聞樂見的結果，而且在未來的某一天，部屬也會覺得很慶幸，「雖然非常麻煩，不過，很感謝主管當初用那樣的方式訓練我」。

一旦交辦工作，就該讓部屬做到最後一刻，如果不養成有始有終的習慣，就會變成是在培養草稿製造機。

第 5 章

這樣寫企劃，主管一次就點頭

01

先問自己，誰要看

不管要做什麼樣的企劃，首先要寫企劃書。幾張薄紙乘載著許多人的靈感與創意，然後再逐步將內容化成真實。

當主管催促「趕快提出企劃書」時，肯定很多人會為了提交出去，而付出許多心血。可是，企劃書是用來採用，而不只是交出去。如果要讓主管採用自己的企劃書，內容就必須足夠新穎、有趣，光是傳達「我想做這個內容！」無法受到矚目，而且身邊還有很多競爭對手，想法相同的同事、經驗豐富的前輩等。

那麼，該怎麼做？

首先，先把重點放在那份企劃書要給誰看？以電視臺來說，基本上是由「編成局」（節目編排）決定是否要製作節目，所以，我們必須先寫企劃書給編成局，這時就要**思考對方想要什麼**。

對節目編排來說，最重要的就是收視率，既然如此，就必須在企劃書裡面說明「為什麼這個節目能拿到收視率」，這時候必須一邊運用公司的氛圍、市場趨勢或社群媒體的關注等資訊，解釋「為什麼現在這個節目可以得到高收視率」，同時還要利用數據、資料或邏輯佐證自己的推測，加上是用公司的資金來完成企劃，所以也必須把公司利益放進企劃書裡。

所謂的公司利益，可能是直接性的收益，也可能是品牌形象的提升，基本上會因公司而有所不同，總之，就結果來說，只要可以讓公司覺得有利，企劃通過的機率就會增加。也就是說，比起自己想說的內容，以企劃書讀者（主管或公司）想知道的內容為優先，才是大幅提高採用率的重點。這些內容有沒有寫在企劃書的第一頁，帶給決策者的印象、採用率都會完全不同。

我在企劃書完全無法被採用、乏人問津的時期，讀遍了公司內所有大小企劃書。這個時候，我才第一次注意到，會被採用的企劃書，除了內容之外，寫法也非常重要。在察覺到這一點並實踐之後，我的企劃書被採用的機率就提高了許多。

雖然我現在已經有辦法寫得很通順，不過年輕時，光是一張企劃書，就能讓我不斷寫上好幾遍，就像在寫一輩子只告白一次的情書似的，無比慎重。

我要再說一次，企劃書是不是會被採用，不在於你的品味，即便是差強人意的企劃，只要有道理、符合邏輯，還是會被重用；反之，就算內容再怎麼新穎、有趣，如果沒有支持的論點，就會被拒絕。

如果希望企劃被採用，就要努力收集說服組織人員的證據，建立邏輯，讓自己的有趣內容更具說服力。

02

怎麼想內容？反常識

不管什麼企劃，如果沒有新觀點或驚喜感，就無法讓人感受到魅力。在此跟大家分享一個創造出獨特企劃的發想術——反轉法。

第一種是情感的反轉。

雖然普羅大眾都可以接受，偏偏自己就是覺得不有趣、興奮不起來、不喜歡，就是把這種矛盾感或情感運用於企劃的發想術。例如，我很不喜歡雜聞秀（譯註：Wide Show，日本的一種電視節目形態，屬於新聞節目的領域之一，內容以社會新聞、娛樂新聞等軟性內容為主），甚至偶爾看到還會暴怒。

「為什麼那些非專業人士有辦法用那副囂張的嘴臉，說些連自己都不確定的事情？」假設我有這種感覺，我就會把那種負面情緒記錄下來，在擬定企劃的時候，我就會把那個點反轉過來。例如，「請專家在節目上談論專業資訊，可是，聽眾卻十分沒常識，所以就顯得特別好笑」，這樣的節目效果如何呢？電視節目《蘇格拉底的嘆息～請把瀧澤凱倫教懂～》就是利用這種方法創造出來的。因為「聽眾和專家之間的差距，便是爆笑的關鍵所在」，所以在企劃敲定的階段，我便找了藝人瀧澤凱倫來擔任特別來賓。

第二個是理所當然的反轉。就是把理所當然的事，或常識顛倒過來。

在一般的談話性節目中，表演者會事先寫好問卷，然後根據問卷製作出劇本，再依照劇本進行節目。可是，二〇一二年代後半，垃圾媒體（譯註：指媒體為討好當權者或商界，又或者為了收視率、銷售量，而特別用大量篇幅報導娛樂八卦或低俗主題的現象）之類的名詞氾濫，電視節目開始遭到大眾嫌棄，許多演出都被批評為造假。

「照劇本演出的立場對談或內定比賽，早就已經不被接受！」在那種環境下所創造出的企劃就是《無處不在奧黛麗》。這是不事先請來賓做問卷調查，直接以無劇本的談話方式，傳達心聲或真實情感的新形態談話性綜藝。就這樣，《無處不在奧黛麗》靠著反轉大眾的批評，和搞笑組合奧黛麗的若林其精湛魅力，成為擁有眾多粉絲的節目。

有時，新鮮感就來自於稍微扭曲的性格或觀點。偶爾試著反轉一下平常的自己，或許也挺不錯。

03

靈感怎麼來？先相乘再限制

聽到預算充足、檔期靈活、主題自由、可以隨心所欲的時候，許多企劃者反而不知所措，所以思考企劃時，索性大膽設定條件，藉此限制大腦的思考範圍吧！

設定條件的發想方法就是利用「乘法」。例如，以電視企劃來說，就是把不能改變的條件（主題或演出者）寫在左側；右側則逐一列出所有類別，像是運動、綜藝、旅遊、格鬥技、新聞、戲劇等。然後，把右和左相乘，如果相乘的結果早就已經存在，就加上「×」符號。而沒有×符號的項目，就是尚未出現的設定，可以考慮把它開發成全新的企劃。

例如，製作「婚外情電視劇」時，就先把「婚外情電視劇」寫在紙張的左手邊，然後在右手邊寫上電視劇的類別：逃離塵世、懸疑、純愛、職場、喜劇、死亡遊戲等（見第一四七頁圖表）。

全部都列出來之後，把已經存在的項目畫上「×」，然後把剩餘的名詞相乘（拼）起來，再把其中似乎很有趣的項目開發成全新企劃。如果是我，我可能會選擇婚外情死亡遊戲。

只要像這樣刻意縮小設定範圍，就能產生意想不到的創意、靈感。順道一提，當所有類型都已經用盡的時候，可以再進一步想想，「婚外情的哪個部分可能成為賣點」，就能擴大發想。如果是以罪惡感為賣點的話，就以此為主軸，向外擴展出更多的關鍵字，例如，「罪惡感＝高熱量的宵夜」，或是「偷窺」之類的關鍵字，再以其為基礎，進一步相乘。

當然，並不是單靠相乘，就一定能創造出有趣的企劃，加上令觀眾興奮或心動的元素，就是屬於企劃者的工作了。

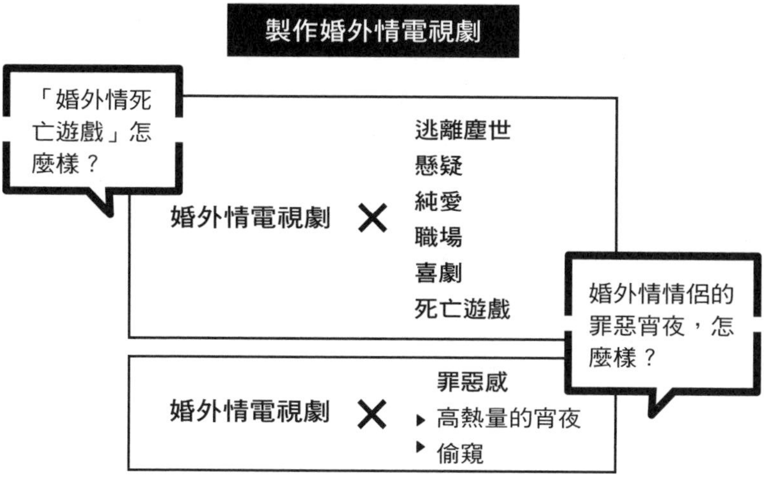

我透過這個方法開發出的企劃就是《笨蛋有吉……開始做新聞》。我用「有吉弘行」×「〇〇」的方式，逐一列出電視臺的所有類別，結果只有新聞的項目還空著，於是就設定成「有吉弘行×新聞」。

可是，如果要讓搞笑藝人有吉弘行出現在新聞節目裡面，主題就要足夠新穎，不然就太無聊了。那麼，如果緊咬「之所以看不懂新聞，全怪專家不善說明！」這一點呢？既能展現出有吉弘行的風格，以節目內容來說，應該也挺有趣。

於是，這個節目的構思便慢慢完成了。

先相乘，再加上限制，藉由這種方式，挖掘出不存在於自己腦中的全新靈感吧！

04

感動別人之前，自己要先感動

企劃需要的不是市場行銷，而是自己的感覺。只要是你深信有趣的事物，就一定很有趣。如果你想到一個能夠讓自己感到興奮的靈感，那就跟企劃成功沒兩樣。可是，最困難的地方是該怎麼表達。

自己打從心底堅信，絕對能讓人感到無比興奮的「超級有趣」，就好比是雞尾酒裡面的琴酒或伏特加，是用來打底的基酒。

這個基酒一定很美味，可是，一旦搞錯調配的方式，不僅會變得難喝，也很難令人接受。以大眾可以接受的味道為目標，選擇該用什麼稀釋？又或者是該添加什麼？那些想法就是你專屬的獨特創意。

我進公司那時，電視臺的節目以感動類型居多，不管走到哪裡，動不動就可以看到有人在哭。雖然我當時並沒有說出口，不過，我真的覺得十分矛盾，「到底是在感動什麼東西啦！」這時，我突然產生一種想法，「對了！不如試著把這種感覺製作成企劃吧！」

於是，把淚水化成笑容的節目企劃《淚眼汪汪》就誕生了。這個節目的內容很簡單，就是請參賽者盡情的哭，決勝的關鍵就是他們的淚水量，這是我覺得最有趣的節目。

可是，這個節目只做半年就停播了，原因出在我直接端出未稀釋的濃醇基酒（大眾無法接受的觀點），才導致節目成為小眾產品。或許並不是因為基酒本身不好喝，而是如果能準備一些故事，或流行性的演出等輔助材料，讓味道變得更加親民的話，或許就能以不同的型態迎接挑戰。

其實，我現在還是繼續使用「用盡全力流淚，即便本人十分認真，在外人眼中卻有些好笑」的基酒在製作綜藝節目。

如果不相信自己的感覺，眼中只有市場行銷的話，你的熱情肯定會在中途消退殆盡。最後的最後，不是偷工減料，就是在正式推出時，因為覺得丟臉，而不敢告訴熟人這是自己做的節目。所以，就算是上頭拋出的企劃，哪怕只有一滴也好，試著把自己的基酒混進裡面，讓自己更清楚的知道，「這就是我的工作」。

05 「有趣」這兩個字很抽象，你得拆解

企劃就類似於一篇有趣的故事。

想跟某人分享有趣的故事時，那個題材早就已經在自己的心裡，可是，如果無法完美表達，那段故事就只會變成無趣的故事。

就跟想到一個好企劃的時候一樣，必須將有趣感傳達給對方，如果沒辦法做到，再難得的企劃，永遠都只會是個人專屬的故事，無法實現。

那麼，該怎麼做才好？首先，最重要的就是找出有趣的關鍵。

假設我正在思考「惡整劇團一人的企劃」。這時，我希望用一句話來表達企劃中的那個環節很有趣。因為劇團一人是藝人，所以有趣？因為是

中年男子，所以有趣？因為是已婚者，所以有趣？為什麼已婚者會有趣？

如果採用「劇團一人穿著裸體圍裙製作炸物的企劃」怎麼樣？料理是有趣的核心嗎？裸體圍裙這個小道具是關鍵嗎？忐忑不安的情緒表現會有趣嗎？試著這樣逐一拆解。

只要像這樣，養成每天拆解有趣的習慣，自然就會改變企劃的表達方法，「讓已經年過四十的已婚者劇團一人，穿著裸體圍裙做菜，偶爾還要擔心可能走光的風險，讓旁人感到十分忐忑，替他捏一把冷汗。對觀眾來說，這樣肯定非常有趣」，就能像這樣以一句話來表達。

如果自己不了解核心，就沒辦法向他人簡報，同時也可能發生別人提出錯誤建議，導致企劃被擅自修改的風險。

為什麼有趣？哪個部分不能讓步？只要能和周遭分享有趣的核心，並且注意避免偏離重點的話，自己所想像中的有趣，就能成真。

06 養成做筆記的習慣

就像早餐或刷牙那樣，把編寫企劃當作是日常生活的一部分吧！感覺「激發創意」和「常規」，似乎是八竿子打不著的兩個名詞，不過，只要進一步系統化，靈感就不容易受到動機的影響。

首先，養成做筆記的習慣。在腦中浮現的靈感、突然想到的有趣事物，即便再微不足道，也都要逐一記錄下來。當然，你也可以用手機記事本等簡單的應用程式記錄。然後，以每三天一次的頻率重新檢視筆記，並進一步篩選，再把剩餘部分製作成三至四個簡單的企劃，並將這一連串動作養成習慣。

所謂的企劃，就是把專屬於自己的靈感、創意傳達給他人，那些寫在筆記上的內容就是「企劃蛋」，並以兩星期一次的頻率整理它。然後，每個月一次，把覺得真的很有趣的項目，製作成能提交給公司的企劃書，並放進電腦的資料夾裡面。當公司有企劃招募時，就可以檢查那個資料夾，派出有實力作戰的兵隊。如果時間充裕的話，也可以回頭看看企劃蛋，確認是否有遺漏的有趣企劃。

只要像這樣，把回顧筆記日（三天一次）、整理筆記日（兩星期一次）和企劃編寫日（一個月一次）當成日常，就能養成強制編寫企劃的習慣。我會在 Google 行事曆上，把這些日子設定成重複，強迫未來的自己做這些工作。

抱怨沒有時間思考企劃的人，或許只是因為沒有透過這種計畫，來擠出時間罷了。或許靈感真的需要一些與生俱來的天才發想才行，可是，只要你不想，靈感就永遠不會降臨。

「搞不好哪天會突然想到什麼好點子……。」不要指望這種奇蹟，如果真的希望擁有好企劃，就讓投入創意的時間，自然融入你的生活吧！

07

把自己當成第一個消費者

如果大叔在會議室裡提出「年輕人應該很喜歡這種」的企劃書，你不會想吐槽對方嗎？非當事者憑個人想像所製作的企劃，往往會陷入刻板印象，或與實際情況有所落差。所以，只要把自己的屬性（年齡、性別、天生教養）當成賣點（起點），簡報時也仔細強調那個部分，就能讓企劃更具說服力。

「因為現在正流行」、「因為在其他公司非常成功」，如果提出「以市場行銷為優先」的企劃，就很容易和其他人重複，一旦發生這種事，被採用的肯定是有實績的資深員工所製作的企劃。為什麼？因為對公司來說，那是比較安全的選擇。

如果要擺脫註定落敗的紅海，就要思考唯有自己才寫得出來的企劃。如果你還年輕，應該就會有大叔所想像不到的觀點；如果你和我同年齡（四十多歲），應該會有這年齡才有，但年輕人卻想不到的企劃才對。想想看，這樣的自己兼消費者所看見的社會，也是可以用來說服公司的原因，也是企劃書第一頁所不可欠缺的要素。

假設進入公司的第三年，「二十多歲」就是你的賣點。在簡報時，只要進一步強調，「我們這個世代就是用這種感覺，解讀這樣的資訊。社會潮流就是這樣，我們所追求的就是這個。所以我才會提出這個企劃（大叔所製作不出來的）」，那個企劃就會更具說服力。

另外，自己在公司內部被當成什麼樣的角色，也是很重要的賣點。迷因哏圖的笑點不僅是圖上的對話，哏圖上的人物也是笑點關鍵。企劃也一樣，有時**關鍵就在於誰說了些什麼**。

能單靠企劃本身決勝負的，只有天生長得有趣的事物而已，所以，冷靜、客觀的觀察，了解自己在公司內被認定的角色地位，思考是否能夠把自己的角色製作成迷因哏圖吧。例如，如果你是個耿直的角色，就製作個脫序、瘋狂的企劃；如果是個輕浮的角色，就製作嚴肅的企劃。這樣也是種別出心裁的簡報方式。

在我還在擔任AD的時期，因為大家都認為我是個「認真、嚴肅」的人，我便索性大膽提出新穎的企劃。「那個佐久間居然會提出這種企劃！」這種跌破眼鏡的反差感，就是我的目的。為了使企劃順利通過，就得展現出自己的觀點。

08 告訴對方：「我為什麼要選你」

除了提交企劃書給公司外，有時也必須提供給外部人士。你必須透過這份企劃書，告訴對方你有多麼認真，努力說服對方，徵求對方的認同。

這又是另一種情書，而且這種情書很難親手遞交。大部分的情況，對方都會說：「麻煩寄郵件給我。」所以隨附企劃書的電子郵件內文，就是引導對方打開企劃書的重要關鍵。有多想打開企劃書？打開企劃書的時候，是不是覺得很興奮？會不會讓對方有這種情緒，全都取決於電子郵件的內文。

其中該傳達的內容只有一件事，那就是「我為什麼選你」。

「為什麼這個企劃一定要有你的參與才能做？」、「為什麼你最適合？」、「你的參加，能為企劃增色多少？」如果無法獲得對方認同，他就不會閱讀企劃書。就算真的有打開，頂多也只是快速瀏覽而已。

另外，能不能得到好的答覆，關鍵不在於企劃內容，而是在於你是不是有明確傳達「自己（企劃者）比任何人都認為這個企劃十分有趣」。

信件開頭的問候、文末的問候，前後各一遍，只要不失最基本的禮數就夠了，最關鍵的是，向對方傳達為什麼你希望對方能夠參加這個最棒的企劃。切記，就算再怎麼滿腔熱血，長篇大論絕對會被淘汰。

為了避免占用對方太多時間，簡明扼要的傳達熱情吧！

09

老闆不會同意「沒賺錢也可以」的企劃

假設企劃順利通過了，我非常想做有趣的事，也希望通過的企劃能持續做下去，可是，公司想做的並不是有趣的事。

為了讓通過的企劃能夠一直做下去，就必須讓公司嗅到滿意的味道——錢和成長的味道。只要嗅到其中一種味道，公司就會給予機會，讓企劃繼續。所以，身為參與者的我們，不光只是提出企劃，還必須檢視、判斷是否能繼續下去，是不是能夠賺錢？以新創企業來說，就是評估有沒有機會成為獨角獸（按：指成立不到十年，但估值十億美元以上，又未在股票市場上市的科技創業公司）。

電視臺是很嚴格的世界，稍有不對就會被腰斬。如果節目收視率不夠高，又沒有製作出決策者想要的東西，節目隨時就會被腰斬。就算說「已經開始引起年輕觀眾的注意」，決策者還是不會聽，所以，任何節目都必須飄散著銅臭味，或是成長的味道才行。例如，深夜時段的《無處不在奧黛麗》。

真的非常謝天謝地，這個節目受到許多人支持，但事實上，它就是個十分簡單的談話性節目，其實很容易就會被腰斬。所以我便趁著新冠肺炎疫情爆發的時機，企劃了線上播映活動。當時還沒有人成功做過單一節目的線上播映活動，如果可以成功，我在公司裡的地位就會大幅提升，如果可以創造出銷量，應該就可以持續下去。

事實證明，活動超級成功。尤其第二次更是吸引了八萬人，光是門票營收就有一億七千萬日圓，再加上節目周邊商品的銷售，更是創下了歷史新高。

只要你在營利企業一天，就不可能要求只要做有趣、新鮮的工作就好，不賺錢也沒關係，天底下不可能會有那樣的夢幻職場。

為了快樂工作、為了持續做想做的事，你就必須貢獻更多的好處給公司，唯有對公司有所貢獻，才能憑藉那些好處，持續做你想做的事情。

10 你要培養好的失敗

從失敗中吸取教訓，這是大家經常聽到的至理名言，但其實失敗分兩種：壞的失敗和好的失敗。

壞的失敗是，沒有假設的決策結果；好的失敗是，先假設再決策的結果。如果有想要挑戰的企劃，只要不把它當成賭博，並持續不斷的假設，就算失敗，那也是個非常有意義的失敗。我們應該學習的是這種好的失敗。為了把好的失敗的品質提升到最大極限，就要思考自己做對了多少。

是否根據狀況或數據去預測結果，而不只是光憑感覺？是否已經想盡各種辦法、竭盡全力？如果你忽略了各種事前假設，當你失敗時，就無法從中吸取經驗。

我天生就沒有賭徒性格，也不是那種閉著眼睛橫衝直撞的類型。所以我總是在假設，只製作自認為有好好比拚過的企劃。這一點在我自立門戶之後，依然沒有改變。例如，當我煩惱要把「佐久間宣行的 NOBROCK TV」做成什麼樣類型的 YouTube 頻道時，我就在提出下列假設之後，做出勝負。

「如果要賺取流量，排行或美食等資訊情報類是一種選擇。可是，現在幾乎沒有哪個頻道脫離搞笑。雖然不是被要求一定要搞笑，但要做的話就會很花時、費力。

「如果要花時間和成本在 YouTube 上面製作綜藝節目，就要成為獨一無二的存在，還要可以提高創作者的存在感和知名度。」

就結果來說，目前還沒有問題。可是，如果今後的結果導向失敗，這些假設就會變成錯誤。如果發生那種情況，我就能從中學習到，「應該以更輕鬆的方式製作 YouTube 影片」，這些經驗就能成為我的糧食。

沒有人知道企劃究竟能不能成功，天底下沒有已知的勝利。就算如此，還是要抬頭挺胸，做出自認為對的勝負。如此才能負起自己的責任，揮動手上的球棒。就算失敗，至少也能驗證當初的假設哪裡出了問題？自以為正確的計算公式，哪裡計算錯誤？

相反的，如果沒有自己做出的假設，就沒辦法分析失敗。把錯誤答案放到眼前的計算公式中，一點意義也沒有。

11

就算跌倒，也要華麗轉身

在公司內部要掌控好形象，避免被貼上「平凡失敗人物」的標籤。人不可以太過害怕失敗，但是，常常失敗，對企劃者來說也十分致命。如果成績一直維持低空飛過，周遭就會把你視為「渾渾噩噩、不斷失敗的傢伙」。以電視臺來說，就是上檔的企劃節目一直沒有太高的收視率，就這樣在低空飛過的狀態下，勉強維持半年或一年的時間。

一邊期待搞不好哪一天自己能擊出逆轉勝全壘打，卻完全不採取任何努力，只是選擇等待。如此，好工作也輪不到自己手上。如果不希望成為這樣的人，就必須設定期間和關鍵績效指標（按：Key Performance

Indicators，簡稱ＫＰＩ，衡量一個管理工作成效最重要的指標）。

當無法達成目標時，你需要停損。例如，三個月或是半年，預先決定好在這個期間要做出這個成果，然後，預先把好幾顆用來展現成果的球（企劃）放進裡面。如果那些球沒能在期間內順利擊發的話，就代表企劃失敗了。此時就當作是自己誤判，優雅的退出企劃吧！只要抱持著這種速戰速決與毅然決然的態度，就不會讓自己成為持續失敗的人。

預先準備的「球」，就算不是以逆轉全壘打為目標也沒關係，只要能獲得任何一個允許你持續挑戰的印章就足夠了。如果是資金足夠豐厚的大企業，或許會願意在幾年後讓你再次挑戰，不過，幾乎大部分的企業都沒有足夠的資金。

我了解以跑完馬拉松全程為目標的美學，可是，能反覆一百公尺全力衝刺多少次，也是上班族的使命。失敗的時候，就該華麗轉身。儘管是個十分難得的好點子，該放手時就放手，不要太過執著，繼續往下走吧！

12 所有靈感，都來自日常

企劃源自於過往人生的經驗累積。

就算你眼下的辛勤努力，沒辦法馬上在明天收穫成果，仍然有機會在十年後得到回報。所以，如果不希望自己十年後成為一個執著於過去的殘羹剩飯、內心空無一物的成年人，就持續精進自己，不要懈怠吧！

因為我已經是個年過四十的大叔，所以才有資格這麼說。人在過了四十歲之後，對於累積的財產感觸更是特別的深。

當然，雖然我一直做著自己喜歡的事情，但是，在三十歲到四十歲的那十年間，我幾乎每天都會去觀賞小型的現場演出活動、關注新的劇團、觀賞電影，藉此累積更多知識，同時建構更多人脈。

值得慶幸的是，後輩創作者們經常說：「你每次都會更新製作的內容，真的很厲害耶！」但其實那些點子都源自於之前參與活動時，所吸收到的知識。到目前為止，我從未有過生不出企劃或缺乏靈感的問題。

輸入就是輸出的來源，而企劃就取決於你能吸收多少，所以，企劃的好壞並不在於才能的優劣。

如果要開發十年後的自己，就要靠今天的輸入。累積的差距，必定會在未來的某一天顯現。要如何使用一天、一星期、一個月？要看什麼？體驗什麼？十年後的自己會後悔嗎？重新檢視時間的運用方法吧！

13

任何經歷都不會讓你白忙

最後還有一件事想跟大家分享。

從事這份工作後，人生的一切似乎都跟企劃脫離不了關係，每天波動的情感、接觸的書籍或電影，甚至是人生大事；困難棘手的事也好，令人痛苦到想哭的事也罷，全都能讓企劃昇華。

三十歲，在我實現了屬於自己的企劃，深刻感受到「或許我能一直走下去」的時候，我成為了一名父親。

育兒生活讓我的日常充滿喜悅，但另一方面，我的時間也因此遭到大量剝奪，也發生了不少令人心有不甘的回憶。年齡相近的同事當中，沒有撫養子女的男性，應該也是一大主因。

電視業界裡的男女，通常都比較晚婚或是高齡得子。真的一點都不誇張，當時，我身邊完全沒有半個三十歲就當爸爸的男導演，所以，在三十歲成為父親的時候，我真的碰到一個非常大的障礙。

和無法隨心所欲工作的我不同，同期同事可以全心投入工作，他們甚至無法理解有孩子的生活。我當時就算熬夜，還是得每天早起做早餐、送小孩去幼兒園，因此經常睡眠不足、感到煩躁。

三十六至三十七歲，那時正在準備考試，身材也嚴重發胖，日子真的非常艱難。當然，如果家裡有什麼大小事，我還是得來回奔波，我只知道那段時期每天都像陀螺似的，不停的轉啊轉。老實說，看到同事時，我也曾想過：「如果沒有參加考試，搞不好至少還能製作一個節目……。」不過，我馬上搖搖頭，告訴自己不能有那樣個想法。

那些辛苦磨難，還有成為父親的經驗，的確讓我成長了許多。

首先是工作能力，自立門戶之後，很多人都擔心我可能負荷不了龐大的工作量，不過，其實和我當父親時的情況相比，現在的工作量根本是小巫見大巫。比起忙碌，明明可以做更多，卻不能狂踩油門一路衝到底，反而更讓我精神疲憊。

之所以製作出《PIRAMEKINO》這個凸顯我個性的節目，也全是因為我的女兒。節目推出當時，我三十三歲，女兒三歲，因為非常了解父母和孩子的生活感，所以才會有這個企劃問世。我現在製作動畫、Vtuber的企劃，也全都是因為女兒。多虧她教會我各式各樣的事物，我才能製作出連動漫迷也能滿意的作品。

不光是如此。在育兒期間，我和妻子都深刻體會到，在帶寶寶的同時還要做飯，是件多麼困難的事情，因此，我便對以前不感興趣的快速料理產生興趣，結果就在《蘇格拉底的嘆息》的企劃中派上用場。

《笨蛋有吉……開始做新聞》也是，因為在某次和妻子聊天時突然驚覺，對教養子女的父母來說，還有很多不為人知的社會常識，所以才會有那樣的靈感。有了家庭，開始撫養子女之後，才深刻了解到幼兒園及待機兒童（按：指沒有申請到幼兒園就讀的孩子）的問題。

當然，事情未必都能一帆風順。可是，「既然機會難得，就把它當作成長的糧食吧！」只要這麼想，就能看見只有自己才能看見的風景。如果能像這樣，讓生活中的大小事進一步昇華，對從事企劃工作的人來說，也是種幸運。

當時東京電視臺的企劃書格式是 A4 紙大小兩～三張。顏色（黑色除外）只能用兩種顏色（應該）。

明確標示目標聽眾
F1 層：20～34 歲的女性
F2 層：35～49 歲的女性
M1 層：20～34 歲的男性
M2 層：35～49 歲的男性

既然如此，便不要把它當成最終目的，改成前提如何？從頭到尾，讓各種不同的人暴哭的節目。先不論痛快與否，至少能帶給人強烈的衝擊。

提案標題：哭吧！加州。
播映形式：所有地區。
撥出時間：G 樂園單元。
節目類型：暴哭綜藝。
目標觀眾：F1、F2＋M1、M2。
MC／主持人：伊集院光　U-turn。
來賓／導演：宮藤官九郎、糸井重里、伊藤正幸。

單元提案

① 神谷町女校暴哭俱樂部。
② 眼淚實驗室：眼淚有多萬能？
③ 女高中生，女性歌喉的驕傲。
④ 眼淚美人競賽：日本淚水選拔賽→世界大賽。
⑤ 出生後從沒哭過的女人 vs. ○○。

最後定案為伊集院和搞笑團體「Othello」、小田切讓

為了製作出更吸引眼球的標題，原本還有「飛吧！伊斯坦堡」或「加州酒店」之類的發想，之後就先以這個標題提出企劃。

G 樂園單元企劃書
～哭就哭吧！勇往直前！～
「哭吧！加州」

企劃　島川 PS 團隊　佐久間宣行

這個標題之後改成了「淚眼汪汪」。

說明「為什麼現在要提出這種企劃」。當時正值奧運年，有許多與感動落淚相關的節目。說明這個企劃便是順應這個趨勢，把淚水轉變成笑容的逆轉發想企劃。

企劃主旨

反正就是很愛哭。出現在螢幕裡的平凡人很愛哭，藝人也很愛哭。因為各種理由而哭，因為感動而哭。足球射門成功，哭；為了和男朋友分不分手，哭；看拳擊俱樂部，哭；看戀愛綜藝，哭。奧運、超好看的電影、小說、音樂，最後的最後就是「讓人想哭？不想哭？」
（也經常聽到有人用「那個讓我哭的稀哩嘩啦」、「看了完全不想哭」來評價作品）。

能讓企劃通過的重點在於，強調每個人都很容易哭出來的那種反差，藉此吸引觀眾上鉤。

沒錯。現在的日本人是全世界最喜歡感動事物的國民。大家都在拚命尋找讓自己感動的事物，只因為想要痛快的哭一場。

不管在過去還是現在，淚水一直都是最強大的武器。
作品也好、節目也罷，煞費苦心的最終目的就在於能不能讓觀眾落淚。
該如何充分表現「好的哭泣」。

做造夢的少女〉」這樣的感覺。煩惱和選曲如果越是熱門且俗氣就越有趣。

④ 稻草☆眼淚美人→觀眾票選單元

➡ 請觀眾票選「最美哭臉」的照片，採對決的形式，在每集選出最佳眼淚美人，最後再舉辦總冠軍賽。

⑤ 出生後從沒哭過的女人 vs. 〇〇

➡ 特輯單元之一。真的幾乎不會哭的鋼鐵女漢子登場。透過來賓、主持人、觀眾投稿的方式，想辦法把對方逼哭的單元。噱頭搞得太大，則會越有笑點。

EX. 出生後從沒哭過的女人 vs.「一碗蕎麥麵」
vs.「重現名劇場景」
vs.「被遺棄的貓」

單元提案要盡可能淺顯易懂，讓讀者腦中能浮現出畫面。

單元提案　詳細

① 神谷町女校暴哭俱樂部

➡ 「好想成為淒美故事的主角，痛快哭一場」，邀請懷抱這種夢想的女高中生（男高中生）出場。徹底重現故事內的每個環節。讓他們在完全相同的狀況下盡情痛哭。或者，他們也可以許願，由來賓演出故事裡面哭泣的情境。

EX. 「如果可以向最喜歡的籃球社學長告白就 OK！臉紅心跳的首次約會日，學長為了拯救衝到馬路上的小狗而死於車禍意外。這樣的故事讓人好想哭」等。

② 眼淚實驗室：眼淚有多萬能？

➡ 以「哭到什麼程度能解決問題？」、「會被哭泣者的哭臉影響到什麼程度？」為主題，在各種場所，透過各種情境進行實驗。

EX. 在家庭餐廳打工，點錯餐點，暴哭→客人選擇原諒；把客人沒有點的餐點送上桌，然後，暴哭→？等。藉此確認眼淚的力量有多大。

③ 女高中生，女性歌喉的驕傲

➡ 煩惱的女高中生把日常煩惱說給主持人、來賓聽之後，唱歌抒發心情。評審根據女高中生的煩惱等級、選曲風格、歌唱實力給予評分。

EX. 「不知道為什麼，被男朋友劈腿……感覺超級不爽！點歌抒發心情。唱一首相川七瀨的〈不願只

第 6 章

沒錯……你還可以更狡猾一點

01
逃跑也是一種勝利

心靈管理比任何事都重要，唯有這件事，絕對不可以忘記。

沒有什麼事值得讓你賠上自己的心靈，不論是什麼重要的工作，或是多有意義的項目，都不值得你把心奉獻出去。因為工作就只是工作，可以認真，但別看得太重。

侵蝕心靈的壓力就像是負債，容許範圍內的忍耐，就算再怎麼累積，還是可以利用週末或假日償還。可是，如果忍耐程度超過容許範圍，別說是償還本金了，恐怕還會利滾利，使負債越積越多（壓力越來越大）。

重要的是，掌握什麼事會讓自己的心靈受傷。例如：加班常態化，讓自己很痛苦；莫名其妙被挨罵，心靈就會受傷；無法接受低俗的玩笑。每個人都有不同的心靈地雷區，而這些地方絕對不能被他人觸碰。

「這點程度我必須忍耐才行」、「這裡應該再堅持一下」、「請假會給大家造成麻煩」，應該像這樣決定好自己和工作的優先順序，而且不允許推翻，你可以堅持你的原則。

我認為面對不喜歡的事，只要逃跑就是我贏了。我的人生也是，我已經持續逃避壓力二十年了，因為不想聽到抱怨，所以決定不去參加公司聚餐；如果覺得再繼續拚下去可能不太妙，我就會翹班去參加音樂祭，正因為我保護了自己的心靈，才可以全心全力投入到真正需要專注的工作上。

工作占了很多時間，一星期甚至有五天都要工作，所以人們才會把它看得很重要，如果沒有做出成果，就會認定自己是個沒用的人。人們也會把公司的人際關係當成一切，一旦出現什麼問題，就會充滿絕望，像是世界末日快來臨似的。

雖然我做的是自己喜歡的工作，但我還是認為，那就只是工作。大家總說我好像過得很快樂，或許是因為我從不把工作視為唯一，同時，對於工作、工作相關人員，我總是保持適當距離的關係。

心靈一旦崩潰，就要花很長的時間才能恢復，甚至有可能恢復不了。

我看過很多長期陷入痛苦的工作夥伴，其實我也曾努力、堅持到心靈破碎，結果度過了一段把自己封閉起來的生活。那時真的很痛苦，也給周遭造成許多困擾，正因如此，我才會把心靈管理放在最重要的位置。快撐不住的時候，我會停止思考，取消當天所有的行程，去公共浴池泡澡。

泡湯或洗個三溫暖、享受按摩服務，流汗之後喝杯啤酒，就這樣什麼都不做，直接上床睡覺。感覺好像有點愚蠢，不過，光是這樣就能讓自己恢復元氣，產生滿滿力量，繼續勇往直前，真的很不可思議。

工作很重要，但就是因為這樣，才更需要清楚告訴自己工作就只是工作，所有的好工作都應該建立在心靈健康的基礎上。

02

專業就是對得起領到的薪水

什麼是專業？工作水準比常人高的人？還是為工作感到自豪的人？我的定義是「工作對得起薪水的人」，以上班族來說，就是做多少領多少。是不是覺得門檻似乎太低了？可是，工作就只是工作。大家似乎太高估專業了，只要工作值得那份薪水，你就是專業人員。

基本上，社會上也有這樣的想法，「因為是專業，因為是工作，所以本來就應該以兩百分為目標，本來就應該瘋狂做到死為止。」直到不久之前，社會上仍充斥著這種氛圍，可是瘋狂做到死的觀念明顯是錯的，扼殺人格、把精神逼迫到絕境，更是荒唐至極。正確心態應該是，「因為是專業的，所以領多少薪水，做多少工作」。的確有人是抱持著瘋狂做到死精神，他們很活躍，也有英勇事蹟，他們天生就是某種「怪人」，一般人如果效仿，恐怕很快就會沒命。

把爬上更高一層視為人生目標，同時又擁有十分堅強的身心靈，就算被逼入絕境，也絕對不會崩壞，這當然是件非常棒的事，可是，我認為任何人都不應該、也不需要那樣工作。不用說，大家都知道，就算對工作沒有飢渴，也不代表你就比較差勁，只是生活方式不同罷了。

我進公司時，電視業界是個非常血汗的行業，很多人每天都被一堆工作追殺，甚至連睡覺的時間都沒有。記得當時看到一下暴怒、一下抓狂的導演之後，我就暗自下定決心，「我絕對要製作出比這個人更有趣的節目，而且還要在歡樂多出好幾倍的氣氛下製作。」

對工作充滿熱情，賭上自己的一切，並不是每個人都要有這種覺悟。只要做該做的事，對得起領到的薪水，那就是足夠的專業。

03

凡事設定期限，無敵

「看不到工作的盡頭，好痛苦」、「不知道該不該繼續留在現在的公司」、「就只有離職一途嗎……」，只要是上班族，一定都曾有過這樣的煩惱吧。

經常有人找我商量這個問題，而這也是我曾經走過的路。煩惱著是不是應該辭職，不知道該怎麼辦，我推薦的方法是，決定期限、設定目標，然後試著盡全力努力到最後一刻。**猶豫不決的時候**，不應該踩煞車問該怎麼辦，而是應該試著**踩下油門加速前進**。

之所以決定期限，是為了能讓自己用百分之百的力量去拚搏，不知道該跑到什麼時候的馬拉松，只會讓人在中途喪失鬥志，可是，如果知道距離終點還有五公里、十公里，就能調整步伐、全力衝刺，所以就試著決定什麼時候該離開吧。

「如果第三年還沒有拿到那份工作，我就放棄，申請調職」、「這份工作再做一年，如果還是不感興趣，我就辭職」，像這樣決定好目標後，再自我分析。

試著寫下自己的能力和技能，了解現在的自己辦得到什麼、辦不到什麼，例如，「我擅長和既有客戶維繫關係，但是不擅長開發新客戶」、「很擅長企劃，但在公司內部的人緣不佳」，並想想看是否加強哪個技能，就能拿到想做的工作。如果辭職，是否能進入其他公司，成為被重視的人才？

如果決定好好努力，那段期間只要全心全意投入工作就可以了，如果做完之後，還是不能決定去留，就代表心裡某處還在逃避和內疚。在那種情況下，就算換了工作，這種想法肯定還會遺留在心裡。

順道一提，就以現實來說，如果在毫無技能的狀態下辭退公司，也無法轉職成功。其實在把能力或技能寫下來的時候，應該就可以清楚了解，「在沒有什麼特殊的技能，也沒有經驗的狀態下，想轉職到其他場所」，和「因為擁有這樣的技能或經驗，所以希望更進階一步」，兩者間獲得的評價是不一樣的。

人要不惜付出一切努力，並充滿信心，勇往直前。在期限來臨之前，讓自己化身成超級瑪莉的「無敵星星」狀態。「反正再不濟，頂多就是辭職而已」，抱持著這樣的心態，不要受人際關係或周圍雜音干擾，一路往前衝吧！順道一提，我也曾經有過相同的經驗，我就是抱著「反正最慘，頂多就是辭職而已」的心態，在三年的期間，咬牙苦撐，最後才終於做出成績，才會有今天的自己。

只要設定期限，便能狠下心，更認真的面對戰略。沒時間逃跑、找藉口、擺爛，就是因為焦躁不安，才更需要設定明確的期限，讓自己有更具體的努力。放心。在認定工作很無聊，並對此感到絕望之前，肯定還有很多事情可以做。

04 阻擋去路的是公司？還是你自己？

離職比較好，還是繼續待下去？當你這麼想的時候，還有一件事情可以做，就是把問題拆解成兩個——組織和個人能力的問題。

所謂的組織問題是指「沒有先例」、「升遷無望」等，不知道什麼時候才會輪到自己的問題；能力問題就是自己本身具備的技能、才能，是否能夠勝任那份工作。問題拆解之後，是不是就有結果了？

現在擋在自己面前的高牆是哪一個？還是兩者都有？先整理這部分的問題，然後再來思考該如何跨越那道高牆吧！

二十歲的時候，我首先碰到的是組織問題，「公司有辦法接受製作喜劇節目的新挑戰嗎？」（當時東京電視臺沒有喜劇節目）能力方面也碰到了瓶頸，「不知道自己有沒有當導演的能力」。換句話說，不管是組織還是個人能力，我都碰到了高牆。

於是，我給了自己設了三年的期限，然後試著全力拚搏，看自己能否跨越那些高牆。在期限之內提出絕佳企劃書，便是我努力的目標。

提出具備挑戰性的企劃書，如果通過，就可以在這間公司繼續挑戰（解決組織問題），如果能製作出有趣企劃，也能向自己證明自己的確有潛力（解決能力問題），換言之，就我的情況來說，「提出絕佳企劃書」，正好就是讓我同時跨越兩道高牆的方法。

要靠個人努力解決組織問題是有限的，可是，能力不足，又老是說組織的壞話，便無法有所成長。

阻擋去路的高牆是公司？還是你自己？正因為能徹底看透，努力才能結成豐碩果實。

順道一提，我之所以離開東京電視臺自立門戶，是因為我希望一直站在創作內容的位置。在公司裡，隨著年齡增長，管理職的工作就會增加，進而漸漸遠離現場。可是，我還有很多企劃要做，也很希望能親手實現。

自立門戶後，自己就不會只做管理職，也不會受到電視臺的約束，有更多機會站上不同的競技場接受挑戰，這也是透過拆解後所做出的判斷。

05

自私的好處

在公司裡面，有時自私是有好處的。

工作的時候，如果真的覺得很不開心或感到不滿，就試著化身成自私鬼，鼓起勇氣粉碎一切吧！為什麼？因為其他人很可能也和你一樣有同樣的不滿。

令我不滿的情況則是職場騷擾。因為怕被誤會成我在做好事，所以我一直很少提及，事實上我在二十歲的時候，一直致力於消滅拍攝現場的職權騷擾或性騷擾。

如果出發點是基於崇高的人權意識或性平等觀點，當然是美事一樁，不過很遺憾的，我並不是抱持這樣的觀點。「因為我不想對職場騷擾視而不見，讓自己在事後後悔」，這是我的第一個原因。第二個原因則是，「這樣做，才可以讓自己擁有更容易工作的職場環境」。明明是在製作有趣的節目，卻做出打壓他人、降低團隊士氣的職場騷擾行為，很礙眼。

我不會講什麼大道理，我只會淡淡的說：「有某人做出這樣的事情。這種事情會給公司帶來這樣的風險。」然後在證據確鑿之後，提出控告，請對方離開節目或製作團隊，還給團隊一個單純的拍攝現場。

隨著時代潮流的改變，現在電視界的職場環境已經十分和平、舒適了。而當初促使我那麼做的動機，就只是因為自己希望在舒適的環境下工作、因為自己希望製作有趣的節目。自私的力量是非常強大的。

雖然有點偏離主題，不過還是說出來跟大家分享一下。那是我擔任某節目首席ＡＤ的時期，原本那個節目的ＡＤ工作都是採口頭傳承的師徒制，結果，我針對ＡＤ工作製作了一本參考用的教戰手冊，製作手冊的動機並不是為了後輩，只是單純覺得從零開始鉅細靡遺的教導，太浪費時間了。雖然製作動機是源自於自己的自私，不過，前輩、後輩都十分開心。

任誰看了都覺得是問題，就先試著把出發點換成「為了自己」。當你高舉著「我是為了公司好」的正義旗幟，率領夥伴行動時，很不可思議的，結果往往不會太順利，因為你是為了大家而行動，動機很容易動搖。

就算從頭到尾都只是為了自己也沒關係，這樣單純的動機，才能堅持到底，不受旁人影響。不是為了大家而做好事，而是為了自己。利用這樣的自私，擊潰職場的不公平或不滿吧！

06

做事實在，運氣就來

千萬不要把運氣當一回事，追根究柢，所有的工作都取決於運氣。

我是個徹頭徹尾的現實主義者，我完全不相信什麼占卜或預言，在三十歲之前，我甚至沒有去過一次新年參拜，既然連這麼鐵齒的我都這麼說了，那就肯定錯不了。而且，回頭看看在各個領域表現優異的名人受訪，每個人都會異口同聲的說「自己運氣好」。

我認為運氣是靠信任累積出來的。「我想做的工作缺人手，於是我拿到了工作機會」、「在社群媒體上保持聯絡的人找我合作」、「抱著姑且一試的心態，委託希望渺茫的案件，結果收到好的回覆」，這種工作上的小確幸，其實不是單純的小確幸，之所以如此，是因為人們總是隨時記得自己、想到自己，有時還會感念自己的恩情，所以才衍生出「如果是那傢伙，應該沒問題」的想法。

運氣和緣分相當類似。基本上，人沒辦法控制這種運氣，不過，卻有辦法讓運氣不要溜走。

名為信任的橋梁，是由親切和誠實打造而成，而運氣會從另一端渡橋而來，所以不苟言笑的人得不到信任，運氣也不會來訪。這裡所說的親切，並不是指阿諛奉承，而是隨時隨地保持心情愉快、平靜的態度，以及始終如一的意志。

戲劇或漫畫裡面的職場菁英大都是渾身帶刺、令人討厭，但在現實社會中，幾乎沒有這種類型的菁英。情緒化、妄自尊大、經常一副苦瓜臉的人，正因為不被他人信賴，運氣才會溜走。

能夠掌握自己的心情，運氣就會來臨。

我能夠擔任《日本夜未眠0（ZERO）》的主持人，也是拜運氣所賜。為什麼他們會想到我呢？

數年前，我受邀到某藝人的《日本夜未眠》擔任來賓，我完全沒有半點傲慢自大，態度親切，和主持人聊得十分開心，數年後，受邀到《AKB48的日本夜未眠》時，導演秋元康深刻感受到我的人格特質和風趣，他和我說：「你應該來擔任常態主持人。」於是就把我推薦給日本放送（按：一家日本廣播電臺），就這樣打開了與東京電視臺合作的契機。

東京電視臺也十分信任我，「如果是平常不太道人長短的佐久間，應該不會對公司造成負面影響」，馬上就同意讓我參加其他媒體的演出。

不做雜活也能帶來運氣。為求萬全，絕對不能懈怠準備，做事一定要實實在在。如果覺得自己運氣不好，就凡事先做最壞的打算，仔細做好所有事前準備。以我的工作來說，出外景時，為了不論碰到什麼天氣，都能製作出百分之百的節目，我總是會隨時做好準備。這種用心、踏實的態度，會轉化成信任，自然就能帶來運氣。

沒人知道運氣會在什麼時候、以什麼樣的形式降臨。只要孜孜不倦的架設信任橋梁，運氣就可能會在你幾乎快遺忘的時候降臨，讓你猛然驚覺：「原來是從這種地方來的嗎？」

07

三年後，你想成為什麼樣的人？

只做那種沒有半點刺激、剝奪成長機會的複製工作的人，會陷入「就算不是自己也無所謂」的無力泥淖。

「回過神才發現，一直做著和半年前或一年前相同的工作」、「沒辦法增進技能，只能做自己會做的工作」，陷入這種泥淖的人，就先設定三至五年後的中期目標吧！

如果沒有中期目標，就會只以眼前的工作為優先，持續做著相同的工作。可是，只要擬訂計畫，就能想「該怎麼做，才能在數年後獲得這種工作的職務」，同時，只要從「需要什麼樣的技能才能實現」回推，思考自己現在該做什麼，就能找到脫離泥淖的道路。

簡單來說，就是**把達成目標所須的要素，添加到眼前的工作**。只要把現在會做的工作，和現在不會做的工作加總起來，就能創造出下一步的立足點。

我的職涯也是這樣走過來的。例如，我以前「希望五年後能夠拍電影」，因此把製作我喜歡的電影的製作公司加入團隊，邀請他們參與綜藝；「如果能靠販售周邊賺錢，應該就能更專心製作節目，不需要擔心贊助商的問題」，在我思考這個問題時，我就開始和設計師討論聯名T恤的製作。

從製作電影開始，到實境秀的演出、線上活動的促銷，我學會了區區一個電視製作人根本無法想像的各種大小工作。因為我不複製工作、不讓自己陷入無力，想持續讓自己成長，可是，如果為了自己而強硬擴展工作，通常會給周遭帶來不好的印象，因為那不是公司所要求的事務。可是，如果不勤奮播種，就不會改變三年後、五年後的自己，未來就只能懊悔「過去好想做這些事情」。

只有職人才會靠努力提升相同工作的品質或精細程度謀生。如果沒有成長或變化，就會陷入有氣無力的泥淖，成為沒有那個部門、那個公司就活不下去的人。

如果現在的你正在做著與一年前、兩年前相同的工作，特別又是那種沒有任何挑戰性的簡單工作的話，就代表你正走在一個沒有目標的道路上。三年後、五年後，你希望變成什麼樣子？先停下來想一想吧。

08 萬一，這份工作真的真的不適合我

就算盡了最大限度的嘗試，依然對那份工作毫無興趣；被迫加入自己不想參加的長期計畫……只要是在公司，上班族就必定會遭遇這種情況。

碰到這種狀況，我的方法是避免讓自己成為公司或團隊的負面存在，確實善盡義務，同時盡可能節省更多的工作精力，然後，利用節省下來的時間與精力，投注在自己想做的工作，或是充實私人時間，並等待下一次的機會。

順道一提，如果節能模式十分明顯的話，周遭就會判斷「佐久間不適合這種工作」，通常就會儘早讓自己脫離那個工作。

身為一個上班族，只要有領公司薪水，就不能偷懶，必須付出等同於那份薪水的勞力，回饋給公司。可是，私下則應該默默的摩拳擦掌，等待機會，或者，也可以稍微積極的創造原本沒有的工作。想辦法在指派的業務當中，創造出自己想做或感興趣的事，磨練技能、累積經驗，將那些技能和經驗當成下個階段的糧食。

我二十多歲的時候，曾經負責過演歌節目，我認為那份工作非常不適合我。「該怎麼做，才能讓這份工作稍微有點意義呢？」結果，我想出了「把歌手的故事製作成回顧ＶＴＲ」的想法。

於是，一直很想製作戲劇的我，便用盡各種心思讓提案通過，然後思考演出內容、安排演員、出外景、拍攝回顧劇，最後再花時間編輯，那個時候的經驗，在日後制定戲劇企劃的時候，非常受用。

「反正我這輩子就只能在這裡做這些無聊的工作」，就算是再不感興趣的工作，都要努力創造不存在的工作，不該喪志、擺爛。

「創造職業生涯」，這句話經常遭到誤解，其實，不是只有人事異動或轉職才是職涯晉級。即便是在這種半強迫的狀態下，還是能夠透過工作的創造，學習技能，創造出專屬於自己的職業生涯。

「只要在這裡，就不可能」，拋開這個念頭，試著找出各種可能，因為那或許就是你明天的機會。

09
相信奇蹟

「工作煩悶、非常煩悶。」這個時候，唯有採取行動，才能解決。煩悶不會隨著時間的流逝而消失，如果什麼都不做，反而會加深煩悶感。如果明知道應該採取行動，卻寧願放任不管的話，或許是因為你不相信自己身上可能發生奇蹟。

突然冒出超級幸運的好事，又或者狀況在一夜之間大翻轉，那樣的奇蹟的確有可能發生。例如，我們製作的節目企劃隨時都有可能被腰斬，就算老實依照企劃行事，再怎麼拚死拚活執行，只要公司認為沒有前景，企劃就會馬上慘遭腰斬。因為刪減經費和減少損失是組織的經常性目標，所以比起提出企劃，更困難的是如何持續做下去。

最重要的關鍵在於公司或主管手上的ＫＰＩ。以電視臺的情況來說，標準的ＫＰＩ就是「收視率」。可是，我製作的節目並不是靠ＫＰＩ來決勝負，所以每次都必須向公司提出全新的ＫＰＩ。

例如，先前提到的兒童節目《PIRAMEKINO》。我很清楚這個節目的收視率，比不上以大人為目標觀眾的節目，所以我必須提出不同的ＫＰＩ，如果單靠收視率下去判斷，這個節目肯定會失敗，然後馬上收掉。因此，我交到公司手上的ＫＰＩ是，「創造出流行在孩童間的『噱頭』或『歌曲』」，以及「透過活動號召孩童」，由於兩個條件都是東京電視臺未曾體驗過的成功，所以格外令人印象深刻，因此，也獲得了公司的認同。

在提出那樣的ＫＰＩ之後，節目從二〇〇九年四月開播了。雖然剛開始沒有得到太大的迴響，不過，大約在第三個月的時候，「PIRAMEKI

體操」開始在學校裡面掀起流行，這時我想：「好，這下子應該沒有問題了。」

通常，節目會在季度轉換月分的兩個月之前，決定節目是否繼續播出或是停播。也就是說，四月初開始播出的節目，就必須在八月分決定是否續播。因此，我也沒有忘記在七月二十七日，利用暑假的活動奮力一搏。我決定在讀賣樂園（按：日本一個主題樂園）能容納七千人的會場進行節目的現場直播。

如果這場活動能造成爆滿轟動，看到那種情景的贊助商，或許就會願意繼續支持這個節目。通常一集的節目預算不會超過百萬日圓，不過，因為深信活動絕對能成功，所以我在這場活動砸下了將近兩百萬日圓的活動費用。

活動當天的傾盆大雨，像是在嘲笑我的自不量。空氣中飄散著一股絕望氣息，每個工作人員都一副等著下地獄的表情。

「劇本全溼了」、「攝影機開始出狀況了」，不行！我只能盡全力去做了，可是我輸定了，這個節目玩完了。就當我這麼想的時候，製作公司的製作人跑過來，他渾身被雨淋溼，非常狼狽，他說：「今天的活動會如期舉行吧？上千人的排隊人潮，一路從車站延伸到這裡。」聽到這番話，我連忙跑到會場外面。

映入眼簾的景象讓我驚呆了。有人撐傘、有人穿著雨衣，許多家庭都來參與活動，朝著會場聚集而來。排隊人潮一路從車站排到會場，現場的人數非常驚人，看到這景象我都起雞皮疙瘩了。

然後，現場直播在歡樂氣氛下熱烈展開，孩子們在傾盆大雨底下跳著 PIRAMEKI 體操，而在活動的尾聲，大雨也停了，出現了奇蹟般的彩虹。因為這幅「七千人盛況的圖畫」，節目決定繼續播映，我們獲勝了。

創造改變的挑戰很難獲得認同，因為很難用既有的指標進行評估。所以，如果要展現出全新的指標，就必須大膽挑戰等級更高的目標。那個挑戰非常嚴酷，失敗機率也很高。可是唯有超越，才能創造出真正有趣的工作。

工作的焦躁、煩悶就像泥淖。陷入泥淖時，你只能浸泡在混濁的水裡，努力找尋呼吸方法，或是尋找立足點，想辦法爬上陸地。雖然姿勢並沒有好壞之分，但不管如何，先試著逃脫泥淖吧！就從相信奇蹟開始。

所謂的變化不是被動發生，而是主動發生。就算只有一小步也沒關係，只要先試著往前踏出一步，奇蹟就會在前方等待著，希望你也能體驗到那種震撼心靈的驚人奇蹟。

解說

平常糊里糊塗，卻能把工作做到完美

《佐久間宣行的日本夜未眠0（ZERO）》導播／齋藤修

我是日本放送廣播節目《佐久間宣行的日本夜未眠0（ZERO）》的導播，因此，每星期都會和佐久間一起工作。大家都說他是個工作能力很強的知名製作人，不過老實說，剛開始在廣播現場的時候，我真的完全感受不到。

因為他平常都不遵守集合時間（不守時）；總是頂著蓬亂頭髮和死魚般的眼睛到現場；在節目中間話家常時，總是談論被老婆或小孩騎在頭上的事情；發生什麼事的時候，總會找藉口說：「哎呀，不是這樣啦！」光是這樣看，的確很難產生好印象。

可是，當我為該邀請誰來當來賓而大傷腦筋時，他會給我很明確的建議；當日本放送臨時有緊急請求時，基本上他都會爽快答應，不會拒絕，不過，該強硬的時候，他也會有所堅持。另外，贊助商的業配單元能夠源源不絕，也得感謝周遭對佐久間的信任，這個時候我才真正感受到，他真的是一個工作能力很強的人。

雖然他是個知名製作人，但在廣播現場畢竟還是個外行，所以對於節目內容的安排或是節目的進行，他總是非常尊重現場專業人員的安排，真的很了不起。換成是一般人，恐怕會裝內行，說些廢話，把現場氣氛搞得很僵。

基本上，他每星期都會自行選曲、帶來藝人廣播的閒談，即便是資深的廣播主持人都覺得十分困難的事情，他從一開始就像理所當然似的，做得十分得心應手，讓我深刻感受到佐久間先生對廣播的愛，以及早稻田大學出身的優異能力。平常看起來似乎有點糊里糊塗，事實上卻是個能把工作做到完美的菁英，老實說，真的挺狡猾的。

後記
讓我們彼此，狡猾的努力吧

雖然前面我好像把自己寫得很了不起似的，但其實到現在還是會每天嫌棄自己，「不行！這樣缺乏美感」、「我應該更細心才對」，這就是我的天性，我想它應該會跟著我一輩子吧！不過，和以前不一樣的是，現在的我可以開門見山的直說：「如果不是天才，就要放棄嗎？難道不是因為喜歡才做的嗎？」同時也學會了許多不消磨自己的方法。多虧如此，我才能走到現在。

希望這本書能對大家有所幫助。

最後，我想藉著這個機會表達感謝之意。在出版這本書的期間，負責編輯的石塚理惠子小姐和鑽石社的所有成員、田中裕子小姐、在百忙中給予我協助的小木矢作、劇團一人、前田裕二小姐、OHKURA先生、伊藤前輩、齋藤修先生，謝謝你們。

另外，我也要感謝一直以來陪我一起製作節目的工作人員與相關人員。如果沒有你們，我連一個節目都製作不出來，還要感謝所有電視觀眾和廣播聽眾們，是你們的熱烈反應賜給我勇氣，才能讓我一路走到現在。

我還要向我的老東家獻上最深的謝意，感謝東京電視臺同意讓我這個任性的員工自立門戶，在那之後還允許我持續製作許多節目，由衷感謝東京電視臺的寬容大度。

最後，還要感謝老婆和女兒。不管怎麼說，妳們兩個人是最有趣、最棒的，能夠和妳們成為一家人，我真的很高興。謝謝妳們，以後也請多多指教。

不管是我，還是各位讀者，未來的人生還是要繼續走下去。雖然可能碰到許多辛苦、麻煩的事，不過，只要持續深入思考、跨越一切，你一定會迎來快樂與幸福。未來，在我和你的人生有所交集的時刻，請務必跟我分享你的有趣工作話題。

在那之前，就讓我們彼此「狡猾的」努力吧！

國家圖書館出版品預行編目（CIP）資料

老實人狡猾工作術：只要努力就會被看見？結果你會經常幫同事收爛攤。最強員工，從誠實交代、狡猾做事開始。／佐久間宣行著；羅淑慧譯. -- 初版. -- 臺北市：大是文化有限公司，2023.02
224 面；14.8×21 公分. --（Think；246）
譯自：佐久間宣行のずるい仕事術
ISBN 978-626-7192-80-1（平裝）

1. CST：職場成功法

494.35　　111018597

Think 246

老實人狡猾工作術

只要努力就會被看見？結果你會經常幫同事收爛攤。
最強員工，從誠實交代、狡猾做事開始。

作　　者／佐久間宣行
譯　　者／羅淑慧
責任編輯／林盈廷
校對編輯／江育瑄
美術編輯／林彥君
副 主 編／馬祥芬
副總編輯／顏惠君
總 編 輯／吳依瑋
發 行 人／徐仲秋
會計助理／李秀娟
會　　計／許鳳雪
版權主任／劉宗德
版權經理／郝麗珍
行銷企劃／徐千晴
行銷業務／李秀蕙
業務專員／馬絮盈、留婉茹
業務經理／林裕安
總 經 理／陳絜吾

出 版 者／大是文化有限公司
臺北市 100 衡陽路 7 號 8 樓
編輯部電話：（02）23757911
購書相關資訊請洽：（02）23757911 分機122
24小時讀者服務傳真：（02）23756999
讀者服務E-mail：dscsms28@gmail.com
郵政劃撥帳號：19983366　戶名：大是文化有限公司

法律顧問／永然聯合法律事務所
香港發行／豐達出版發行有限公司 Rich Publishing & Distribution Ltd
地址：香港柴灣永泰道 70 號柴灣工業城第 2 期 1805 室
Unit 1805, Ph. 2, Chai Wan Ind City, 70 Wing Tai Rd, Chai Wan, Hong Kong
電話：21726513　傳真：21724355
E-mail：cary@subseasy.com.hk

封面設計／陳皜
內頁排版／顏麟驊
印　　刷／緯峰印刷股份有限公司

出版日期／2023 年 2 月初版
定　　價／新臺幣 380 元（缺頁或裝訂錯誤的書，請寄回更換）
I S B N／978-626-7192-80-1
電子書ISBN／9786267192924（PDF）
9786267192962（EPUB）